Springer
*Berlin
Heidelberg
New York
Barcelona
Budapest
Hongkong
London
Mailand
Paris
Santa Clara
Singapur
Tokio*

Lutz Schimmelpfeng (Hrsg.)

EDV-Anwendungen in der betrieblichen Abfallwirtschaft

Rahmenbedingungen, Anforderungen
und Lösungsansätze

Mit 62 Abbildungen

Springer

Dr. Lutz Schimmelpfeng
Umweltinstitut Offenbach GmbH
Nordring 82B
63067 Offenbach

ISBN-13: 978-3-540-59225-9   e-ISBN-13: 978-3-642-79732-3
DOI: 10.1007 / 978-3-642-79732-3

Die Deutsche Bibliothek – CIP-Einheitsaufnahme
EDV-Anwendungen in der betrieblichen Abfallwirtschaft: Rahmenbedingungen, Anforderungen und Lösungsansätze / Hrsg.: Lutz Schimmelpfeng. – Berlin; Heidelberg; New York; Barcelona; Budapest; Hong Kong; London; Milan; Paris; Tokyo: Springer, 1995
    ISBN-13: 978-3-540-59225-9
NE: Schimmelpfeng, Lutz [Hrsg.]

Einbandgestaltung: E. Kirchner, Heidelberg
SPIN 10499269   30/3136-5 4 3 2 1 0 – Gedruckt auf säurefreiem Papier

Vorwort

Nach 2jähriger Pause fand erneut die Tagung "EDV in der Abfallwirtschaft" in Offenbach statt. Veranstalter war, wie bei den zwei vorangegangenen Tagungen, das Umweltinstitut Offenbach.

Das Konzept der Tagung, wirkliche Anwendungen bewährter oder neuer Software zu präsentieren, wurde auch diesmal beibehalten. Den Schwerpunkt dieses Bandes bilden deshalb vor allem auch die Beiträge der Anwender.

Die Rahmenbedingungen für abfallwirtschaftliche Software haben sich in den letzten beiden Jahren verändert. Durch das neue in Nordrhein-Westfalen erlassene Landesabfallgesetz und den darin enthaltenen Pflichten für die Unternehmen, nämlich unter bestimmten Voraussetzungen (siehe den Beitrag von C. Nieß-Mache) Abfallbilanzen und Abfallwirtschaftskonzepte vorzulegen, wurden einige Weiter- und Neuentwicklungen im Software Bereich zur Unterstützung dieser Aufgaben initiiert (siehe z. B. die Beiträge von W, Jaschke und W.A. Wicharz). So ist es vielleicht zu erklären, daß 10 von 16 Autor(inn)en dieses Buches aus Nordrhein-Westfalen anreisten.

Die zweite große veränderte Rahmenbedingung war der Entwurf des Kreislaufwirtschafts- und Abfallgesetzes, um dessen Verabschiedung im Vermittlungsausschuß hart gerungen wurde. Das Gesetz ist inzwischen verabschiedet und wird ab 1996 in Kraft treten.

Auch dieses Gesetz legt unter bestimmten Voraussetzungen die Pflicht zur Erstellung von Abfallbilanzen und -wirtschaftskonzepten fest. Die vielfältigen Dokumentationspflichten gegenüber den Überwachungsbehörden und für die Unternehmensleitungen können eigentlich nur noch sinnvoll mit einem EDV-System ausgeführt werden. K.-H. Kalenberg beschreibt in seinem nach Verabschiedung des Kreislaufwirtschafts- und Abfallgesetzes überarbeiteten Beitrag die Anforderung eines betrieblichen EDV-Systems zur "Reststoffverwaltung". Der Begriff "Reststoff" steht hier für die Abfälle zur Verwertung, die inzwischen als Begriff aus der EU- Abfallrichtlinie in das neue Gesetz übernommen wurden.

Veränderungen der Rahmenbedingungen kommen auch von Seiten der Behörden. W. Weber berichtet in seinem Beitrag vom Reststoffüberwachungssystem ARSYS, so wie es 13 Bundesländer einführen wollen. Die praktische Piloterprobung dürfte in der Zwischenzeit in Niedersachsen als Keimzelle von ARSYS abgeschlossen sein. Es bleibt abzuwarten, inwieweit Verwaltungen, die bisher vorwiegend mit Papier arbeiteten, den "Quantensprung" in ein komplexes EDV-System mit festgelegter Struktur und Schnittstellen bewältigen werden. Die technischen Voraussetzung für die "Visionen" der Abfall- und Reststoffüberwachungs-Verordnung aus dem Jahre 1990, Datenfernübertragung der Überwachten zu den Überwachungsbehörden als Rationalisierungsinstrument und Vorgangsbeschleuniger zu nutzen, sind nun weitgehend geschaffen. Ob diese Möglichkeiten bald in die Wirklichkeit umgesetzt werden können, liegt nun weitgehend an der Beweglichkeit und EDV-Kompetenz der betroffenen Behörden.

Für den Nutzer abfallwirtschaftlicher Software ist es jedenfalls vor dem Kauf ratsam, schon heute bei seiner zuständigen Behörde anzufragen, auf welche Weise abfallwirtschaftliche Daten anstelle der bisherigen Papierform übermittelt werden können. Die Fähigkeit der Behörde zur Übernahme von Datenträgern, könnte manchen Formular-Druckerkauf überflüssig machen und Zeit und Kosten sparen. Bei dem Vorhaben eines Unternehmens, seine Daten in nächster Zukunft per Datenfernübertragung an die Behörden zu übermitteln, müßte der Software-Hersteller die von der LAGA definierten Schnittstellen bereitstellen. Zumindest sollten beim Programmhersteller die Möglichkeiten und Kosten für eine Nachrüstung erfragt werden.

Im Hintergrund für die weitere Entwicklung von Abfallwirtschafts-Software standen auch die gerade heraufziehenden Regelungen der Europäischen Union im Abfallrecht. Inzwischen sind differenzierte Regelungen der EU für den Abfall/ Reststofftransport, auch in der BRD, umgesetzt.

Für die Softwareersteller heißt das z. B., daß als Stammdatenbank nun der European Waste Catalogue (EWC) hinterlegt werden muß, sobald die Nutzer ihres Produkts international arbeiten. Über Einzelheiten aus dem Umfeld der Europäischen Transportregelungen und Abfallklassifizierungen werden wir in Kürze einen Band dieser Reihe herausgeben. (Schimmelpfeng, Zubiller, Engler (Hrsg.): Der Europäische Abfallkatalog).

Wie die Beispiele in diesem Band aufzeigen, sind die Möglichkeiten früherer EDV-Lösungen, im wesentlichen Formulare zu erstellen, den Kinderschuhen entwachsen. Sie zielen, neben abfallbürokratischen Aufgaben, auf die Unterstützung abfallwirtschaftlicher Zielrichtungen ab, wie die Erstellung von Abfallwirtschaftskonzepten (siehe z. B. den Vortrag von J. Sonntag und S. Pawlytsch).

Komplexer noch war die Aufgabe eines Systems, das die Funktion eines neu geschaffenen Reststoffzentrums unterstützen sollte. H. Bitsch und G. Becker berichten über eine erfolgreiche Zusammenarbeit zur Erstellung einer betriebsspezifischen Software.

Betriebliche Informationssysteme erlauben Transparenz der Abfall- und Reststoffströme (siehe auch den Beitrag von D. Lorenzen) und die Planung von Vermeidung, Verwertung und zuverlässiger und kostengünstiger Entsorgung. Sie werden zunehmend durch modularen Aufbau zu managementunterstützenden Instrumenten des betrieblichen Umweltschutzes und haben ihre Wurzeln z.T. in anderen Bereichen wie z. B. der Arbeitssicherheit und dem Umweltschutz (siehe den Beitrag von J. Gedlich).

Die Zukunft abfallwirtschaftlicher Software, sofern Sie über den Anspruch der Verwaltungsvereinfachung hinausgeht, ist sicher die Integrationsfähigkeit im System, die heute mit dem Zielbegriff "Betriebliche Umweltinformationssysteme" bezeichnet wird.

Bis heute ist es aber nach Einschätzung des Herausgebers nicht gelungen, Systeme, die diesen Anspruch erheben, in einer überschaubaren Komplexität und Bedienbarkeit darzustellen. Vielleicht wird die EG-Verordnung 1836/93, bekannt als Öko-Audit-Verordnung, den Auslöser für zukünftige Weiterentwicklungen in Richtung "Betriebliche Informationssysteme" weisen.

Nicht mehr nur Daten, übrigens feldübergreifend über Immissionsschutz, Wasserwirtschaft und Abfallwirtschaft, müssen bei der freiwilligen Teilnahme am EG-Öko-Audit-System archiviert, geordnet und zugeordnet werden, ein EDV-System wird auch Verantwortlichkeiten und Aktionsvorgaben bei bestimmten Bilanzergebnissen (Compliance) darstellen müssen.

Die Entwicklung auf dem Hardware-Markt läßt jedenfalls die bedienerfreundliche Nutzung komplexer Programme auch für Klein- und Mittelbetriebe problemlos zu. Natürlich steigen damit auch die Anforderungen an die Qualifikation der Nutzer. Wohl denen, die sich frühzeitig mit uns in das Feld "EDV-Anwendungen in der Abfallwirtschaft" begeben haben.

Sie werden vielleicht mit uns in der nächsten Veranstaltung "EDV-Anwendung im betrieblichen Umweltschutz (Management)" darüber nachdenken, wie im gesamten Umweltschutz integrierende Software-Systeme auszusehen haben, denen ein gewisses Maß an Projektmanagementunterstützung gelingen soll.

Informationssysteme mit Projekt- und Umweltschutzmanagementcharakter: Ist das der Weg zu einem angestrebten und viel diskutierten Expertensystem-Umweltschutz?

Offenbach, im Juli 1995   Lutz Schimmelpfeng

Inhaltsverzeichnis

Autorenverzeichnis

Dipl.-Ing. Georg Becker
    PSI – Aktiengesellschaft für Prozeßsteuerung- und Informationssysteme
    Bernsaustr. 4-6
    42553 Velbert

Dr. Helmut Bitsch
    Boehringer Mannheim GmbH
    Sandhofer Str. 116
    68298 Mannheim

Dipl.-Phys. Ernst D. Fritsch
Dipl.-Inform. Wolfgang B. Höfs
Dipl.-Betriebsw. Hermann Krawanja
    proXima Software & Systeme GmbH
    Aktienstraße 1-7
    45473 Mülheim an der Ruhr

Dipl.-Ing. Jochen Gedlich
    ABB Management Services GmbH
    Dienstleistungsbereich Sicherheitstechnik und Umweltschutz
    Speyerer Str. 6
    69115 Heidelberg

Werner Jaschke
    Fritz Busche Druckereigesellschaft mbH
    Schleefstr. 1
    44287 Dortmund

Dipl.-Ing. Karlheinz Kalenberg
    AMZ – Arbeitsmedizinisches Zentrum Siegerland e. V
    Marktstr. 1
    57078 Siegen

Dominik Laeis
    Richard Buchen GmbH
    Emdener Str. 278
    50735 Köln

Dr. Dirk Lorenzen
    ETB – Entsorgungs- und Technologieberatung GmbH
    Kühlwetterstraße 49
    40239 Düsseldorf

Ministerialrätin Charlotte Nieß-Mache
Ministerium für Umwelt, Raumordnung und Landwirtschaft
Schwannstr. 3
40476 Düsseldorf

Dipl.-Ing.(FH) Stephan Pawlytsch
admintec GmbH – Institut für Systemanalytik und Software
Niederlassung Nord
Kronskamp 6
21255 Tostedt

Franz Schmitz
SES – Schmitz EDV-Systeme GmbH
Ehrenfriedstraße 38a
50259 Pulheim

Dipl.-Inform. Peter Schweig
CAP debis GEI – Gesellschaft für Elektronische Informationsverarbeitung
Geschäftsstelle München
Dessauer Straße 6
80992 München

Dipl.-Ing. Jutta Sonntag
3M Deutschland GmbH
Waste Management
Düsseldorfer Str. 121-125
40705 Hilden

Dr. Ing. Peter Syska
Franz Rottner GmbH Worms
Niederlassung Leipzig
Lützner Str. 394
04205 Leipzig

Baudirektor Wolfgang Weber
Niedersächsisches Umweltministerium
Archivstr. 2
30169 Hannover

Dipl.-Kfm. Walter A. Wicharz
EDELHOFF Entsorgung West GmbH & Co
Deininghauser Weg 95
44577 Castrop-Rauxel

Gesetzliche Grundlagen und Anforderungen an betriebliche Abfallwirtschaftskonzepte

Charlotte Nieß-Mache

Durch das neue Landesabfallgesetz Nordrhein-Westfalens wird die gewerbliche Wirtschaft, aber auch der vergleichbare Abfallerzeuger in öffentlichen Betrieben und Einrichtungen, ab einer bestimmten Schnittgrenze erstmalig verpflichtet, eigene Abfallwirtschaftskonzepte und Abfallbilanzen zu erstellen. Betroffen sind Betriebe, bei denen besonders überwachungsbedürftige Abfälle in einer Größenordnung von insgesamt mehr als 500 kg pro Jahr oder bestimmte Massenabfälle der in der Anlage zum Gesetz genannten Art von mehr als 2000 t pro Jahr und Abfallschlüssel anfallen.

Umweltpolitisches Ziel dieser Regelung ist es, die Verantwortung von Industrie und Gewerbe für die umweltschonende Entsorgung ihrer Produkte und Reststoffe zu stärken. Bereits bei der Produktion müssen die Möglichkeiten der Vermeidung oder schadlosen Entsorgung z. B. durch Auswahl geeigneter Rohstoffe, Verfahrensweisen und Rückführungsmöglichkeiten berücksichtigt werden.

Es ist dringend geboten, daß in allen Gewerbe- und Industriebereichen sowohl branchenintern als auch branchenübergreifend sorgfältige Analysen darüber erstellt werden,

- wo und wie in Produktionsprozessen Abfälle und Rückstände noch vermieden werden können,
- wo und wie – extern und intern – mehr Abfälle und Rückstände verwertet werden können und welche Märkte vorhanden sind und dafür zusätzlich entwickelt werden können,
- welche bedarfsorientierten sonstigen Entsorgungsanlagen in welchem Zeithorizont erforderlich sind.

Die betroffenen Betriebe haben erstmalig ein Jahr nach Inkrafttreten des Gesetzes ein betriebliches Abfallwirtschaftskonzept zu erarbeiten, es später fortzuschreiben und auf Verlangen den zuständigen Abfallwirtschaftsbehörden vorzulegen. Bei Eigenentsorgern sind dies die obere Abfallwirtschaftsbehörde (Regierungspräsident), bei Fremdentsorgern sind es die unteren Abfallwirtschaftsbehörden, die Kreise und kreisfreien Städte.

Der gesetzliche Mindestinhalt ist in § 5b Abs. 2 LAbfG geregelt. Danach enthält das betriebliche Abfallwirtschaftskonzept mindestens

- Angaben über Art, Menge und Verbleib der zu entsorgenden Abfälle,
- die Darstellung der getroffenen Abfallvermeidungs- und Verwertungsmaßnahmen,
- den Nachweis einer fünfjährigen Entsorgungssicherheit, bei den Eigenentsorgern einschließlich der notwendigen Standort- und Anlagenplanung,
- Ausführungen zur umweltverträglichen Entsorgbarkeit der erzeugten Produkte nach Wegfall der Nutzung.

Aufgrund dieser Regelung sollen sich die betroffenen Gewerbe- und Industriebetriebe bewußt machen, wo welche Abfälle bei ihrer Produktion anfallen und was mit ihnen geschieht bzw. geschehen soll.

Es ist nicht beabsichtigt, mit dieser Regelung eine weitere Bürokratie aufzubauen. Es ist auch nicht beabsichtigt, jedes einzelne Abfallwirtschaftskonzept "mit dem spitzen Bleistift" prüfen zu lassen. Vielmehr trägt die Regelung dem Umstand Rechnung, daß gesicherte Entsorgungsmöglichkeiten immer mehr als knappes Gut zu bewerten sind und nicht zuletzt auch die abfallarme Produktion ein Qualitätskriterium für eine intelligente Produktion und ein bestimmtes Produkt sein kann, das sich auch marktwirtschaftlich vorteilhaft auswirkt. Die Unternehmen sollen im eigenen Interesse selbst nachvollziehen, ob und wie sie Abfälle bei der Produktion einsparen und Verwertungsmöglichkeiten für die Reststoffe oder Abfälle schaffen können. Die richtige Logistik und ein gekonntes Abfallwirtschaftsmanagement sind hier auf betrieblicher Ebene zu entwickeln und zu installieren.

Die gesetzlichen Regelungen sind bewußt offen angelegt, um so das auf Seiten der Industrie- und Handelskammern, der Fachverbände, der Handwerkskammern und anderer Einrichtungen der Wirtschaft vorhandene technische Know-how mit aufzunehmen. Die branchenübergreifende Zusammenarbeit mit Industrie- und Handelskammern, Handwerkskammern, Fachverbänden und Innungen ist von uns gewollt und wird besonders begrüßt.

Das Ministerium hat als Unterstützung zur Erarbeitung der Abfallwirtschaftskonzepte durch ein Beratungsunternehmen in freiwilliger Kooperation mit betroffenen Betrieben am Beispiel der Branchen Druckerei und Galvanik Leitfäden erarbeiten lassen. Diese sind als Arbeitshilfen an Interessenten versandt worden. Ein dritter Leitfaden für die Leiterplattenhersteller ist noch in Arbeit. Des weiteren sind Leitfäden für das Kfz-Gewerbe und die Handwerksbranche Sanitär-Heizung-Klima erarbeitet worden.

Ein weiterer für das Metallbauerhandwerk soll folgen. Diese Leitfäden werden vom Zentrum für Umweltschutz und Energietechnik der Handwerkskammer Düsseldorf in Oberhausen erstellt. Sie stehen für Interessenten zur Verfügung. Die Kooperationsbereitschaft der Verbände und Kammern ist sehr groß, so daß bereits in zahlreichen Kammerbezirken weitere Leitfäden erarbeitet worden sind, die ebenfalls abrufbar zur Verfügung gestellt werden.

Besonders erwähnt werden soll hier das Konzept der Industrie- und Handelskammer Düsseldorf, die als erste eine solche Arbeitshilfe für ihre Mitglieder erstellt hat.

Über die inhaltlichen Festlegungen des Gesetzes hinaus wird das Land keine weiteren formalen Vorgaben machen, zumal für das breite Spektrum der gewerblichen Wirtschaft Details gar nicht geregelt werden könnten.

Die unteren Abfallwirtschaftsbehörden haben ihrerseits ebenfalls weitgehend Kriterienkataloge aufgestellt, nach denen sie sich im Einzelfall oder auch für einzelne Branchen die Abfallwirtschaftskonzepte vorlegen lassen. Auch hier ist Augenmaß gefordert. Im Gedächtnis sollte bleiben, daß in erster Linie die Abfallwirtschaftskonzepte Hilfe zur Selbsthilfe des Abfallerzeugers sind und nicht vorrangig als weiteres Überwachungsinstrument der Abfallwirtschaftsbehörde dienen.

Das Gesetz sieht in § 5b Abs. 2 auch Eingriffsmöglichkeiten vor, wenn ein Konzept auf Verlangen der Behörden nicht vorgelegt wird oder erhebliche Mängel aufweist.

In diesem Fall wurde bewußt auf repressive Maßnahmen wie z. B. die Ahndung als Ordnungswidrigkeit oder die Verhängung von Bußgeld verzichtet; die Behörde kann vielmehr auf Kosten des Abfallerzeugers Sachverständige mit der Erarbeitung eines betrieblichen Abfallwirtschaftskonzeptes beauftragen. Wir glauben, daß diese Regelung sehr viel zielführender ist, weil dann der Sachverständige die notwendigen Arbeiten auf Kosten des Betriebes erledigt und somit die Motivation des Abfallerzeugers steigen dürfte, diese Kosten gering zu halten.

Ebenfalls in der Novelle unseres Landesabfallgesetzes werden die Regelungen über die kommunalen und betrieblichen Abfallwirtschaftskonzepte ergänzt um den § 5c, der die Abfallbilanz vorschreibt. Sowohl Kommunen als auch die betroffenen Gewerbe- und Industriebetriebe haben jährlich eine Bilanz zu erstellen und zu veröffentlichen, die Auskunft gibt über Art und Verbleib der entsorgten Abfälle einschließlich deren Verwertung. Damit wird deutlich, daß zu allen Konzepten ein verläßliches Datengerüst gehört, das dann in Form einer jährlichen Bilanz in geeigneter Weise der Öffentlichkeit zugänglich gemacht werden soll. Das Verfahren, wie die Öffentlichkeit zu informieren ist, wird durch Gesetz nicht vorgeschrieben. Es liegt somit in der Entscheidung der Unternehmen selbst, ob sie den gesetzlichen Anforderungen z. B. durch die Erstellung einer entsprechenden Broschüre, durch Informationsmaterialien oder durch anderweitige Veröffentlichungen nachkommen wollen. Mit dieser flexiblen Regelung wird das Ziel verfolgt, daß die Wirtschaft, aber auch die Kommunen, offensiv in einen institutionalisierten Kommunikationsprozeß mit der Öffentlichkeit tritt, um durch Transparenz und Dialog auch die Akzeptanz für Abfallentsorgungsanlagen vor Ort zu schaffen.

Es liegen bereits erste Erfahrungen mit erstellten Abfallwirtschaftskonzepten und -bilanzen in Nordrhein-Westfalen vor. Es gibt zahlreiche Fachtagungen, Konferenzen sowohl über die Erstellung von Abfallwirtschaftskonzepten als auch bereits erste Berichte über den Erfahrungsaustausch bei Erstellung solcher Konzepte.

Das Beispiel Nordrhein-Westfalens hat bereits jetzt Schule gemacht. Andere Bundesländer wie Hamburg und Brandenburg haben ebenfalls Abfallwirtschaftskonzepte in ihre Landesregelung mit aufgenommen. Fast alle Bundesländer verlangen inzwischen Abfallbilanzen. Der Bund will in der jetzt anstehenden Novellierung des Abfallgesetzes, dem sogenannten "Kreislaufwirtschaftsgesetz", ebenfalls Regelungen über betriebliche Abfallwirtschaftskonzepte und -bilanzen aufnehmen. Der Bundesrat hat in seiner Stellungnahme zum Gesetzentwurf der Bundesregierung deutlich gemacht, daß er die nordrhein-westfälische Regelung als vorbildhaft ansieht und sie wortgleich in das Bundesgesetz überführen möchte. Ob der Bund oder der Bundestag sich diesem Verlangen anschließt, bleibt abzuwarten. Schon heute steht fest, daß nordrhein-westfälische Unternehmen, die diesen Weg gegangen sind, mit Sicherheit für sich selbst, aber auch in der Zukunft gegenüber anderen Betrieben im Bundesgebiet, Vorteile haben, da sie betriebswirtschaftlich nur so die Entsorgungskosten und das Risiko für Haftungsfälle gering halten können und bundesweit gewisse Erfahrungen und einen Vorsprung vor anderen Betrieben haben werden, wenn diese gesetzliche Regelung Bundesrecht wird.

ARSYS – Abfall- und Reststoffüberwachungssystem Stand der Verfahrenseinführung für die Sonderabfallüberwachung in 13 Bundesländern

Wolfgang Weber

1 Grundlagen von ARSYS

1.1 Ziel des DV-Konzeptes

Das Ziel der Neukonzeption eines DV-gestützten Überwachungssystems für den Sonderabfallbereich ist der Aufbau eines Fachinformationssystems für die Abfallwirtschaft mit folgenden Bausteinen:

- Bereitstellung der für die Abfallwirtschaft erforderlichen Stammdateien,
- Bereitstellung der abfallstatistischen Daten für die Vermeidungs- und Verminderungsplanung im Sonderabfallbereich sowie für die Verwertungsprüfung im Reststoffbereich,
- Bereitstellung der abfallstatistischen Daten für die Planung der Sonderabfallentsorgung,
- Bereitstellung von Daten im Datenaustausch mit anderen Dienststellen im Bereich der bundeslandübergreifenden bzw. internationalen Sonderabfalltransporte.

Das DV-Konzept wurde in einer Länderkooperation von insgesamt 13 Bundesländern entwickelt (alle Länder außer Baden-Württemberg, Nordrhein-Westfalen und Saarland).

1.2 Technische Konzeption im Überblick

Der Softwareentwicklung liegen folgende Randbedingungen zugrunde:

Ablaufumgebung

- UNIX-Betriebssystem (mind. XPG3 nach X/Open), Mastersystem: HP 9000/8xx mit HP-UX 8.02/9.0, alternativ: SNI RM400/600, SUN, DEC alpha,
- OSF Motif als graphische Oberfläche, V 1.1/1.2,
- Client-Server-Rechner-Architektur, wahlweiser Einsatz von UNIX-X-Terminals oder MS-DOS-PCs (inkl. Windows) als Endgeräte.

Softwarekomponenten

- Datenbankmanagementsystem ORACLE/INFORMIX/INGRES (wahlweise),
- PROLOG (KI-Software für die Vorgangssteuerung),
- Textsystem HIT, optional WINWORD.

Anwendungssoftware

- ARSYS-Programme:

  - Begleitscheinbearbeitung,
  - Entsorungs- und Verwertungsnachweise (Einzel-, Sammel- und vereinfachte EVNs),
  - Transportgenehmigungen,
  - EG-Begleitscheinbearbeitung,
  - Stammdatenpflege für Erzeuger/Verwerter, Beförderer und Entsorger,
  - Anlagenzulassungen,
  - Ausschlußsatzungen,
  - Abfallartenkatalog,
  - Branchen- und Gebietsschlüsselverzeichnisse;

- Vorgangssteuerung,
- Organisationsstrukturen,
- Kommunikation,
- Statistik.

Die Software ist konzipiert für einen Einsatz in Netzwerken (als singuläres lokales Netz LAN oder eingebettet in ein Wide-Area-Network WAN mit dezentraler Datenverarbeitung). Die zu bewältigenden Datenmengen bewegen sich im Gigabytebereich (bis zu 10 GB).

- Möglichkeit zur Nutzung von Windows 3.X und entsprechenden Programmen,
- objektorientierte Programmierung (OOP); modularer Aufbau, so daß spätere Ergänzungen ohne großen Aufwand möglich sind.

Die Softwareentwicklung wurde auf der Basis des *EDV-Anforderungsprofiles zur dialogorientierten Umsetzung der Anlagen der AbfRestÜberwV und des Schnittstellenpapiers* der Länderarbeitsgemeinschaft Abfall (LAGA) sowie der geltenden Rechtsvorschriften wie Abfallgesetz (AbfG), Abfall- und Reststoffüberwachungs-Verordnung (AbfRestÜberwV), Abfall- bzw. Reststoffbestimmungs-Verordnung (AbfBestV, RestBestV) vorgenommen. (In dem Schnittstellenpapier werden die Strukturen für den Datentransfer zwischen Behörden und zwischen Behörden und Dritten detailliert beschrieben. Es ist erhältlich beim Landesamt für Umweltschutz und Gewerbeaufsicht Rheinland-Pfalz, Postfach 3026, 55020 Mainz, sowie beim Landesumweltamt Nordrhein-Westfalen, Postfach 103442, 40025 Düsseldorf, erhältlich).

1.3 Programmaufbau

Allgemeine Leistungen des Programms:

- Weitgehende Automatisierung der zu bearbeitenden Vorgänge durch komfortable Dialogprogramme mit integrierter Datenerfassung und -prüfung,
- umfassende Anwenderunterstützung durch diverse Auswahlfunktionen,
- hohe Anwenderfreundlichkeit (Ergonomie, Hilfetexte zu allen Feldern, einfache Bedienbarkeit durch Pop-up- und Pull-down-Menüs),
- Parametrierbarkeit des Gesamtsystems,
- Standardauswertemodule.

Das Programm gliedert sich in 6 große Funktionsblöcke:

1. Vorgangssteuerung

Dieser Block kann als die Schaltzentrale für das Programm angesehen werden. Hier sind die Parameter, Regeln, Methoden und Aktivitäten für das Ereignissteuerungs- und Kontrollsystem hinterlegt.

Über diesen Block werden die eingehenden Daten den anderen Programmbausteinen zugeordnet und eine Steuerung der ausgehenden Daten vorgenommen.

In der Vorgangssteuerung ist eine komfortable Bearbeitungsoberfläche für die Bearbeitung der Entsorgungs- und Verwertungsnachweise integriert. Sie bietet u. a. folgende Möglichkeiten:

- Automatisierte Verteilung von Vorgängen auf verschiedene Sachbearbeiter,
- Suche nach ähnlichen Fällen,
- Übernahme der Daten von Dritten über Datenfernübertragung (DFÜ) oder Datenträger.

2. Datenbank

In diesem Block liegt die Schnittstelle zur relationalen Datenbank. Der Zugriff auf die ORACLE-Datenbank (in Niedersachsen) erfolgt über ANSI-SQL-Abfragen. Die Schnittstelle ist so programmiert, daß im Bedarfsfall auch auf andere Datenbanken als ORACLE (wie Informix, Ingres o. ä.) zugegriffen werden kann.

Diese Festlegung war wichtig, um den Einsatz des Programms in den beteiligten Ländern auch mit anderen Datenbanksystemen mit dem geringstmöglichen Aufwand realisieren zu können.

3. Anwendungssoftware

Dieser Block stellt das Herz des Programms dar. In ihm sind alle Erfassungs- und Bearbeitungsmodule für die Abfall- und Reststoffüberwachungs-Verordnung und des LAGA-Anforderungsprofils vereinigt.

In diesem Block wird die Plausibilisierung aller eingegebenen Daten durchgeführt. Werden Fehler in den Daten erkannt, so werden über die Vorgangssteuerung automatisch entsprechende Reaktionen des Programms ausgelöst.

Es werden für die verwaltungsmäßige Bearbeitung der Vorgänge verschiedene Hilfestellungen angeboten, wie z. B. eine Aktenkontrolle, ein Wiedervorlagesystem, eine Kostenrechnungsfunktion und ein Notizbuch.

Die wichtigsten Elemente der Anwendungssoftware sind die

- Erfassung der relevanten Daten aus den Planfeststellungsbeschlüssen für Entsorgungs- und Verwertungsanlagen:

  - Abfallschlüssel,
  - Grenzwerte für Inhaltsstoffe,
  - Mengenkontingente,
  - Einzugsgebiete,
  - Auflagen und Nebenbestimmungen;

- Bearbeitung von Entsorgungs- und Verwertungsnachweis (inkl. Deklarationsanalyse),
- Bearbeitung von Transportgenehmigungen,
- Begleitscheinbearbeitung.

- Prüfung des Entsorgungs- und Verwertungsnachweises,
- Prüfung der Transportgenehmigung,
- Prüfung der Übereinstimmung mit den Festlegungen des Planfeststellungsbeschlusses der Entsorgungs- bzw. Verwertungsanlage,
- Möglichkeit zur Darstellung der relevanten Auflagen, Nebenbestimmungen aus dem Abfall- bzw. Reststoffkatalog, dem Entsorgungs- und Verwertungsnachweis, der Transportgenehmigung und dem Planfeststellungsbeschluß,
- Bearbeitung der Daten von grenzüberschreitenden Transporten (EG-Begleitscheine),

Statistik und Berichtswesen:

Neben den individuellen Auswertemöglichkeiten mit Datenbankmitteln können über Standard-Auswertemodule u. a. folgende immer wiederkehrende Fragestellungen sofort beantwortet werden:

- Welche Erzeuger erzeugen welche Abfälle (Reststoffe), Auswertung mit und ohne Branchenzuordnung ?
- Wo fallen welche Abfälle (Reststoffe) – aufgegliedert nach Gebieten – an?
- Auf welchen Entsorgungswegen nach TA Abfall werden die Abfälle (Reststoffe) entsorgt?
- Welchen Weg nehmen die Abfälle (Reststoffe) vom Erzeuger zur Entsorgungs-/Verwertungsanlage?
- Welche Abfall-/Reststoffmengen werden importiert oder exportiert?
- In welchem Umfang werden die Entsorgungsbestätigungen ausgeschöpft?

- Welche Beförderungsgenehmigungen gibt es, Auswertung nach Gebieten/Schlüsseln?
- Welche Abfälle/Reststoffe werden von wem befördert?
- Welche Entsorgungs- und Verwertungsmöglichkeiten gibt es?
- Wie werden Entsorgungs- und Verwertungsmöglichkeiten ausgenutzt?

Diese Auswertemöglichkeiten stellen einen Ausschnitt der wichtigsten Fragestellungen dar, weitere Auswertemöglichkeiten sind darüber hinaus gegeben.

4.   Organisationsstrukturen
In diesem Block können die sehr heterogenen Organisationsstrukturen in den verschiedenen Ländern individuell abgebildet werden. Die Organisationsstrukturen werden in Form von Parametern hinterlegt, die jederzeit – auch innerhalb eines Landes, z. B. aufgrund von rechtlichen Änderungen – schnell und einfach geändert werden können. Die Parameter charakterisieren u. a. die beteiligten Dienststellen, die Zuständigkeiten, den Belegfluß.

5.   Textsystem
Im Textsystem werden die Vorgänge, die sich aus der Dateneingabe ergeben, in Schriftstücke umgesetzt. Die Masse der Schreiben bezieht sich auf Mängel, die vom System aufgrund der Plausibilisierung erkannt worden sind. Die Schriftguterstellung erfolgt in drei Stufen:

In der 1. Kategorie werden vollautomatisch Schreiben erstellt, die ohne weitere Prüfung durch den Sachbearbeiter sofort gedruckt werden. Diese Stufe trifft auf offensichtliche und eindeutig zuzuordnende Fehler zu, für die keine Alternativen denkbar sind.

In der 2. Kategorie werden die Schreiben vom Programm erstellt, aber dem Sachbearbeiter vor dem Drucken zur Überprüfung der Richtigkeit vorgelegt. Diese Vetofunktion wird bei Fehlermeldungen angewendet, für die mit einer hohen Wahrscheinlichkeit, aber nicht mit letzter Sicherheit, die Fehlerursache ermittelt werden kann.

Die Schriftguterstellung der ersten beiden Kategorien erfolgt im Hintergrund.

Die 3. Kategorie gilt für Fehlermeldungen, für die mehrere Ursachen in Frage kommen. Hier ist eine DV-gestützte Sachbearbeitung erforderlich. Die Schriftstücke werden in dieser Kategorie im Vordergrund unter Verwendung der vorhandenen Textbausteine und der variablen Daten in der Datenbank individuell erzeugt.

Aufgrund der Forderung nach einer sehr weitgehenden Rationalisierung, verbunden mit der Notwendigkeit der vollständigen Hintergrundverarbeitung, wurde als Textsystem HIT gewählt. Andere Textsysteme, die die Randbedingungen erfüllen, können alternativ eingebunden werden.

6.   Kommunikation

In diesem Block werden die Funktionen der logischen Ebene der Kommunikation abgelegt.

Die darin enthaltenen Parameter repräsentieren Dateninhalte, Datenträger, Übermittlungshäufigkeiten und die Datenverteilung innerhalb des Kommunikationskonzeptes.

In diesem Block werden die Parameter für eine Datenübernahme von Dritten (Behörden oder z. B. Entsorgern) hinterlegt. Die Datenübermittlung kann sowohl über Datenfernübertragung (DFÜ) oder mittels Datenträgeraustausch (Bänder, Disketten o. ä.) erfolgen, sofern die Konventionen des LAGA-Schnittstellenpapieres eingehalten werden.

Wegen der über mehrere Behörden verteilten Datenerfassung und -bearbeitung verdient dabei die Frage der Datenkonsistenz besondere Aufmerksamkeit. Fest integrierter Bestandteil des Gesamtkonzeptes ist die automatisierte Übermittlung von Daten an die Knotenstellen der anderen Bundesländer.

1.4 Funktionsweise von ARSYS

Datenverbund

Die zuvor beschriebenen Programme können ihre hohe Funktionalität nur im Datenverbund der Dienststellen unter Beweis stellen. In Flächenländern wie Niedersachsen müssen aufgrund der organisatorischen Randbedingungen andere Anforderungen an das Programmsystem gestellt werden als in einem Stadtstaat wie Hamburg oder in einer kommunalen Gebietskörperschaft. Die regionale Aufteilung der Aufgabe "Sonderabfallüberwachung" auf die 4 Bezirksregierungen im Verbund mit dem Niedersächsischen Landesamt für Ökologie (NLÖ) und der Niedersächsischen Gesellschaft zur Endablagerung von Sonderabfall mbH (NGS) setzen voraus, daß die erforderlichen Bewegungsdaten zeitnah zwischen den einzelnen Dienststellen ausgetauscht werden. Hierbei werden den Dienststellen jeweils unterschiedliche Aufgaben zugewiesen (z. B. der NGS die EVN-Bearbeitung, den Bezirksregierungen die Begleitscheindatenerfassung usw.).

Technisch wurde der Datenverbund in Niedersachsen in einer recht modernen und leistungsfähigen Weise realisiert:

Auf den Hauptstrecken zwischen den Bezirksregierungen wird das vom MI betreute Landesdatennetz unter dem TRANSDATA-Protokoll der Firma Siemens genutzt, in anderen Bereichen, in denen keine TRANSDATA-Strecken zur Verfügung stehen, kommen Standleitungen der Telekom bzw. auch eine Modemstrecke zum Einsatz. Ausschlaggebend für die Wahl dieser Lösung sind Kosten- und Administrationsgesichtspunkte.

Mit dem niedersächsischen Kommunikationskonzept ist es möglich, alle denkbaren Varianten der DFÜ-Kommunikation zu so abzubilden, daß die Einführung von ARSYS in den anderen Bundesländern leicht möglich ist.

Begleitscheindatenprüfung
Die Begleitscheindaten werden in Niedersachsen bei den Bezirksregierungen erfaßt. Für eine Plausibilisierung der muß ARSYS auf verschiedene Stammdatenbereiche zugreifen können. Der wichtigste Bereich sind die EVN-Daten. Das Schlüsselfeld für Begleitscheine und EVNs ist die EVN-Nummer. Die EVN-Daten werden über das NLÖ als Datendrehscheibe allen Bezirksregierungen arbeitstäglich über DFÜ zur Verfügung gestellt.

Bei Eingabe der Begleitscheindaten werden die Daten sofort durch ARSYS mit den im System befindlichen Daten abgeglichen, Fehler werden automatisch erkannt und in vielen Fällen mit Fehlerschreiben versehen, die dann an die zuständigen Behören bzw. Verursacher weitergeleitet werden.

Transportgenehmigungen
In Niedersachsen werden die Einsammlungs- und Transportgenehmigungen von den Bezirksregierungen erteilt. Zur Prüfung der Begleitscheindaten gehört auch die Prüfung, ob der Abfalltransport auf der Basis einer gültigen Transportgenehmigung durchgeführt wurde. Hierbei werden nicht nur die für den eigenen Zuständigkeitsbereich erteilten Genehmigungen als Prüfbasis herangezogen, sondern alle für den Zuständigkeitsbereich der eigenen Behörde gültigen. Eine solche Prüfung setzt voraus, daß die erforderlichen Daten über die Knotenstellen der Länder per DFÜ zeitnah übermittelt worden sind.

Gerade in diesem Bereich wird der bundesweite Datenverbund seine Leistungsfähigkeit unter Beweis stellen.

Entsorgungs- und Verwertungsnachweisdaten (EVN-Daten)
Wie bereits geschildert, ist in Niedersachsen die NGS für die EVN-Bearbeitung zuständig. Diese Zuständigkeit beschränkt sich nicht nur auf alle Sonderabfälle, die in Niedersachsen erzeugt und in Niedersachsen entsorgt werden, sondern auch auf Sonderabfälle, die außerhalb von Niedersachsen erzeugt wurden und in Niedersachsen entsorgt werden sollen, sowie auf Abfälle, die in Niedersachsen erzeugt, aber außerhalb von Niedersachsen entsorgt werden müssen.

Von der NGS werden die EVN-Daten über das NLÖ landesweit an die Bezirksregierungen verteilt. Zu dem geforderten Umfang der Daten gehören nicht nur die Verwaltungsdaten aus der verantwortlichen Erklärung, der Entsorgungsbestätigung usw., sondern auch die Daten der Deklarationsanalysen. Während der Bereich der Verwaltungsdaten unproblematisch ist und recht gut von der LAGA-Schnittstelle abgedeckt wird, sind im Bereich der Deklarationsanalysen z. Z. noch Defizite festzustellen.

Problematisch ist die Festlegung des Umfangs der Analysen und die Eingrenzung, für welche Abfallschlüssel Analysen obligatorisch gefordert werden müssen. Mittelfristiges Ziel ist es, die Deklarationsanalysen und die Anlagenzulassungen so zu harmonisieren, daß ein brauchbarer, DV-gestützter Vergleich zwischen der Abfallanalyse und der Kontrolle an der Entsorgungsanlage möglich ist.

2   Betrieb von ARSYS

2.1   Stand der Verfahrenseinführung
Pilotierung und Einführung in Niedersachsen

Die Softwareerstellung und die Einführung von ARSYS ist einige Monate im Verzug. Grund für die Verzögerung ist in erster Linie die wesentlich kompliziertere Softwarestruktur, die durch den nach und nach erfolgten Beitritt von immer mehr Ländern zu dem Verbundprojekt entstanden ist. Mit dem Beitritt zu dem Verbund mußten auch immer mehr länderspezifische Vorstellungen und Anforderungen befriedigt werden. Der ursprünglich von Niedersachsen allein erteilte Auftrag an die Fa. EDV-Compas in Lübeck ist dadurch erheblich erweitert worden.

Der Gesamtauftrag teilt sich aufgrund der Heterogenität der Anforderungen in einen Kernteil (sog. Kernsystem) und in länderspezifische Teile auf. Diese Aufteilung machte das Projektmanagement zu einer sehr komplexen Angelegenheit: Einerseits mußte das Kernsystem, dessen Kosten alle gemeinsam zu tragen haben, klar umrissen bleiben, andererseits mußten auch die Wünsche der Partnerländer entweder mit Zustimmung aller Länder in dem Kernsystem integriert oder mit dem Kernsystem in einer sinnvollen Weise verknüpft werden. Diese Aufgabe kostete sowohl bei dem projektleitenden Land Niedersachsen als auch bei dem Software-Entwickler erhebliche Arbeitskraft.

Nach den Problemen der Software-Entwicklung tauchten in den letzten Monaten in einem ganz anderen Bereich Schwierigkeiten auf, in dem bislang niemand ernsthafte Probleme erwartet hatte: im Bereich der Stammdaten. In dem monatelangen Testbetrieb im NLÖ in Hildesheim sowie in anderen Bundesländern, die schon frühzeitig die Arbeit mit ARSYS (Beta-Version) aufnehmen wollten, wurde die mangelhafte Datenqualität zu einem ernstzunehmenden Problem. Durch die Plausibilisierungen in ARSYS und dem Abgleich der Datenbestände verschiedener Herkunft zeigte es sich, daß z. T. in über 90% der Fälle die Basisdaten mit unterschiedlich schweren Mängeln behaftet waren. Dieser Zustand wurde in den letzten Wochen nach und nach immer weiter bereinigt, so daß inzwischen ein recht stabiler Zustand von ARSYS sowohl im programmtechnischen als auch im Stammdatenbereich erreicht werden konnte.

Die Abnahme von ARSYS wird bis Mitte 1994 abgeschlossen sein.

Einführung in den Partnerländern
Auch wenn einige Länder aus verschiedenen Gründen schon seit einiger Zeit mit
ARSYS arbeiten, was sich im nachhinein auch wegen der Problematik falscher oder
fehlender Stammdaten als durchaus zweckmäßig erwiesen hat, wird eine offizielle
Einführung in den Partnerländern erst nach der Abnahme der Software in Nieder-
sachsen stattfinden.

Wenn zur Mitte des Jahres dieser Schritt abgeschlossen ist, wird eine sehr schnelle Einführung von ARSYS in den Ländern mit der gleichen Hardware-Plattform
wie in Niedersachsen möglich sein. In den übrigen Ländern, die eine andere Hardware als in Niedersachsen beschafft haben, ist eine Portierung auf die neue Ziel-
plattform erforderlich. Durch die gemeinsame Festlegung auf den XPG3-Standard
ist dieses mit einem erträglichen Aufwand möglich. UNIX bietet im Gegensatz zu
MS-DOS nicht den Vorteil der Binärkompatibilität, so daß in diesem Bereich
immer ein gewisser Anpassungsaufwand erforderlich sein wird.

Das gleiche gilt für den Fall, daß nach einiger Zeit die Hardware ersetzt werden
muß. Durch die immer weiter fortschreitende Normierung auch des UNIX-
Betriebssystems (neustes Release: XPG4; weitergehende Normierung: OSF1) und
die damit weitgehende Unabhängigkeit von den Hardware-Prozessoren der einzelnen Hersteller konvergiert die Entwicklung. Durch diese Entwicklung wird es
möglich sein, die jetzt getätigte Investition durch die Nachführung der Software an
die neusten UNIX-Betriebssystemversionen eine längerfristige Investitionssicherheit
zu bekommen. Insbesondere durch den Länderverbund wird es für die einzelnen
Länder wirtschaftlich, die sich abzeichnenden Änderungen in den Gesetzen und
Verordnungen kostengünstig aufzufangen.

2.2 DFÜ-Konzept ARSYS

Datenverbund der Knotenstellen
ARSYS-Länder
Mit der gemeinsamen Nutzung von ARSYS ist nicht nur ein Kommunikationsver-
bund der Dienststellen innerhalb eines Landes geschaffen, sondern zugleich gibt es
von Beginn an einen Kommunkationsverbund zwischen den 13 Knotenstellen der
ARSYS-Länder. Mit der Möglichkeit der Kommunikation ist noch nichts über die
Technik gesagt.

Während bislang der Datenaustausch zwischen den Ländern – wenn überhaupt –
nur auf dem Papierwege funktionierte, bestehen für die ARSYS-Länder mehrere
Möglichkeiten, die sie ohne technische Qualitätsunterschiede von Beginn an nutzen
können:

- Diskettenaustausch (3,5"-Disketten als Standard),
- sonstige Datenträger (Bänder, DAT-Tapes u. ä.),
- Modem-Verbindungen,
- Datex-P,

– ISDN,
– InterNet.

In ARSYS bedient das sog. ICOM-Modul wahlweise sämtliche Varianten des Datenverkehrs.

Nach dem derzeitigen Stand der Erhebungen bildet als sich als Standard Datex-P als Basis für die regelmäßige DFÜ-Kommunikation heraus. Obwohl noch mit einigen technischen Mängeln behaftet, beginnt sich auch als optionale Variante ISDN stark durchzusetzen. Zumeist werden wirtschaftliche Gesichtspunkte in Verbindung mit anderen Anforderungen den Ausschlag geben, ob Datex-P oder ISDN zum Kommunikationsstandard erhoben wird.

In Ländern, in denen weder das eine noch das andere verfügbar ist, kann als Regelkommunikationsmedium die Diskette definiert werden.

Grundlage für die gesamte Kommunikation ist das LAGA-Schnittstellenpapier. Mit ihm sind sämtliche Datenstrukturen, die zwischen den Knotenstellen ausgetauscht werden müssen, umfassend definiert. Bei der Softwareentwicklung hat sich gezeigt, daß in einigen Punkten die Festlegungen des LAGA-Schnittstellenpapieres entweder nicht praxisgerecht oder nicht ausreichend sind. In diesen Fällen gibt es auf jeden Fall für die Kommunikation innerhalb eines Landes die Möglichkeit, Daten in Ergänzung des LAGA-Schnittstellenpapiers über DFÜ auszutauschen. Sofern dieser Datenaustausch bundeslandübergreifend gewünscht wird, kann dieses auch realisiert werden. Dieses Verfahren stößt dort an Grenzen, wo die ARSYS-Konventionen Dritten (z. B. Entsorgern oder Behörden anderer Länder) nicht bekannt sind.

Übrige Länder

Die übrigen Länder, die sich dem ARSYS-Verbund nicht angeschlossen haben, werden auf Wunsch als assoziierte Partner mit ARSYS verknüpft. Besonderer Bedarf besteht an einer solchen Verbindung zwischen Niedersachsen und Nordrhein-Westfalen. Gerade in der Grenzregion zwischen beiden Ländern haben sich große Entsorgungsfirmen niedergelassen, die in beiden Ländern tätig sind. Diese Entsorgungsvorgänge müssen bei der Überwachung eine grenzüberschreitende Entsprechung bei den Behörden finden.

Die Länder Nordrhein-Westfalen und Baden-Württemberg haben ihr Interesse an einer Kooperation bekundet; die weiteren Schritte können aber erst eingeleitet werden, wenn die Einführungsphase von ARSYS zufriedenstellend abgeschlossen ist.

Mailbox-System ARSYS

Zur Unterstützung der Anwender und der Administratoren in den Ländern sollen
die vorhandenen Kommunikationsstrukturen genutzt werden. Hierzu zählen folgende Dienste:

- Automatisierter Fehlererfassungs- und -meldedienst,
- Hinweise für die ARSYS-Anwender (von den Anwendern für die Anwender,
  von dem Software-Entwickler für die Anwender),
- Release-Notes zu neuen Programmversionen,
- Änderungs- und Ergänzungswünsche der Anwender.

Das Mailbox-System stellt eine folgerichtige Erweiterung des bisherigen ARSYS-
Konzeptes dar. Die im einzelnen genannten Dienste sind im Grunde nicht neu, son-
dern in anderen Bereichen durchaus bekannt und üblich (s. kommerzielle Mailbox-
Systeme wie CompuServe etc. – auch Datex-J). Das Neue ist die konsequente
Nutzung solcher Möglichkeiten im Bereich der Verwaltung.

Update-Service, Hotline, Fernwartung

Neben der umfassenden Unterstützung der Anwender durch ein DFÜ-gestütztes
Mailbox-System wird z. Z. an einem Konzept gearbeitet, welches einen weitergehenden Service anbieten soll.

Hierbei ist daran gedacht, auch für den Update-Service, für einen Hotline-Dienst
und auch für den Bereich der Fernwartung die DFÜ-Strukturen zu nutzen.

3   Künftige Entwicklung

3.1   Anpassung der LAGA-Schnittstelle

Wie bereits erwähnt, sind in einigen Punkten die Festlegungen des LAGA-Schnittstellenpapieres entweder nicht praxisgerecht oder nicht ausreichend. Einen Än-
derungsbedarf haben nicht nur die ARSYS-Länder, sondern auch das Land
Nordrhein-Westfalen festgestellt.

Nachdem das LAGA-Schnittstellenpapier auf der LAGA-Vollversammlung im
Mai 1993 verbindlich verabschiedet wurde, hat es inzwischen eine relativ große
Breitenwirkung erzielt, wie aus vielen Anfragen beim Niedersächsischen Umweltministerium und bei anderen Dienststellen zu verzeichnen ist. Als Mangel hat sich
herausgestellt, daß die LAGA-Schnittstelle nicht in gedruckter Form vorliegt, sondern nur als Kopie, insbesondere von den Obersten bzw. Oberen Landesbehörden
von Rheinland-Pfalz, Nordrhein-Westfalen und Niedersachsen, zu bekommen ist.

Zudem sind die Behörden wegen der noch nicht flächendeckenden Verfügbarkeit von ARSYS noch nicht in der Lage, auf Datenträgern oder über DFÜ empfangene Daten mit der gebotenen Sorgfalt zu integrieren. Wenn sich im Verlauf dieses Jahres dieser Zustand nachhaltig verbessert hat, wird die Nachfrage nach einer elektronischen Übermittlung (Datenträger, DFÜ) ansteigen.

Eine Änderung der LAGA-Schnittstelle zum jetzigen Zeitpunkt ist problematisch, da

- die Programme, die in der Lage sind, die LAGA-Schnittstelle bedienen zu können, gerade erst hierzu in die Lage versetzt worden sind,
- aus dem vorgenannten Grund noch keine Erfahrung aus der Praxis vorliegen und eine Abstimmung zwischen den ARSYS-Ländern und den Nicht-ARSYS-Ländern – auch aus Gründen der fehlenden Erfahrung – noch nicht stattfinden konnte.

Die Änderung der LAGA-Schnittstelle kann – ebenso wie die erstmalige Verabschiedung – nur über die LAGA-Gremien abgewickelt werden. Das Verfahren ist wegen des hohen Abstimmungsbedarfs zwischen allen Ländern (i. d. R. über eine entsprechende Arbeitsgruppe) und der großen Zeitabstände zwischen den Sitzungsterminen sehr zeitaufwendig.

Für einen Übergangszeitraum von ein bis zwei Jahren ist aus diesen Gründen nicht mit einer Veränderung der LAGA-Schnittstellenkonvention zu rechnen.

3.2 Verknüpfung von ARSYS mit anderen DV-Systemen

Staatliche Stellen
Mit der Einführung von ARSYS wurden in den staatlichen Stellen umfangreiche Beschaffungen von Hardware und Software-Komponenten (Datenbanksysteme etc.) getätigt. Durch ergänzende Beschaffungen von Hardware (zusätzliche Peripherie) besteht i. d. R. die Möglichkeit, die DV-Technik auch für andere Verfahren zu nutzen.

In Niedersachsen wird – aufbauend auf der vorhandenen Hardware-Infrastruktur – ein umfassendes Abfallinformationssystem (ABIS) aufgebaut. Dieses Informationssystem soll ARSYS in den Bereichen "Abfallanlagen" und Abfallarten" durch zusätzliche Daten ergänzen. Die Notwendigkeit für diese Ergänzung ergibt sich aus dem begrenzten Spektrum, welches die AbfRestÜberwV als Rechtsgrundlage für die Datenerhebung ergibt. Die Aufgaben der Abfallbehörden sind über den Bereich der Sonderabfallüberwachung hinaus wesentlich weiter gespannt (z. B. Abfallbilanzen, Siedlungsabfallentsorgung etc.); eine DV-Unterstützung ist in diesen Bereichen dringend erforderlich und aufgrund der Vielfalt der Aufgaben auch geboten.

Ein Schwerpunktbereich neben den genannten ist im weiteren der gesamte Bereich der Altlasten. Hierbei umfaßt das Gebiet der Altlasten die Altablagerungen, die Altstandorte, die Rüstungsaltlasten und die militärischen Lasten. Für die Altlasten gibt es schon eine Reihe von fachlichen Vorgaben, die von Facharbeitskreisen (z. B. dem ALA auf LAGA-Ebene) formuliert worden sind. Häufig sind diese Vorgaben aber nicht weit genug konkretisiert, um sie unmittelbar DV-technisch umsetzen zu können.

Kommunale Stellen
Die Einbindung der kommunalen Dienststellen scheitert oft an der mangelnden Bereitschaft, Vorgaben staatlicher Stellen zu akzeptieren oder an der Uneinigkeit zwischen den einzelnen Gebietskörperschaften hinsichtlich eines gemeinsamen und abgestimmten Vorgehens. Des weiteren gibt es wegen der Eigenständigkeit der kommunalen Dienststellen keine homogene Hard- und Software-Infrastruktur, auf der ein einheitliches Konzept im Software-Bereich umgesetzt werden könnte.

UNIX-Systeme, wie sie von ARSYS genutzt werden, können in den meisten kommunalen Dienststellen nicht eingesetzt werden, weil sich entweder Mainframe-Lösungen – z. B. für den Haushalts- und Steuerbereich – und/oder PC-Lösungen bereits etabliert haben.

Für den Bereich der Sonderabfallüberwachung ist ohnedies ein bundesweiter Trend erkennbar, diese Aufgabe entweder unmittelbar mit staatlichen Stellen oder mit zentralen Stellen/beliehenen Unternehmen (z. B. NGS in Niedersachsen, GOES in Schleswig-Holstein, SAM in Rheinland-Pfalz) durchführen zu lassen. Die Brisanz der Sonderabfallentsorgung und die damit verbundene Notwendigkeit einer stringenten Kontrolle lassen solche Lösungen als sehr zweckmäßig erscheinen.

Trotz dieser ungünstigen Voraussetzungen ist geplant, die kommunalen Dienststellen an ARSYS zu beteiligen, indem ihnen Informationen und Daten aus ARSYS zur Verfügung gestellt werden. Die Integration der Kommunen ist länderspezifisch im von Rahmen deren Zuständigkeit im Sonderabfallbereich sehr unterschiedlich zu regeln; eine generalisierende Aussage kann daher nicht gemacht werden.

Datenverbund mit Dritten
Entsorger
Die Entsorgungsanlagenbetreiber stellen eine Zielgruppe dar, mit denen in erster Linie ein Datenverbund als sehr zweckmäßig erscheint. Die Entsorger sind von Beginn an in jeden Entsorgungsvorgang eingebunden: dort entstehen die ersten Analysedaten, dort werden die ersten Formulare ausgefüllt und dort verbleiben am Ende die Abfälle zur endgültigen Entsorgung.

Es stellt sowohl für die Anlagenbetreiber als auch insbesondere für die Überwachungsbehörden eine erhebliche Arbeitserleichterung dar, wenn die Daten nicht nur ausschließlich in Papierform, sondern auch auf elektronischen Wege übermittelt werden. Dabei ist es unerheblich, ob zunächst im ersten Schritt Datenträger

(Disketten, Bänder u. ä.) verwendet werden oder gleich die modernste Übertragungsform, die Datenfernübertragung (z. B. Datex-P, ISDN). Mit dem Inkrafttreten der AbfRestÜberwV und mit der Ausweitung des Kataloges der besonders überwachungsbedürftigen Abfälle ist das zu bewältigende Papiervolumen in eine kaum noch handhabbare Größenordnung angestiegen. Alle an dem Überwachungsverfahren Beteiligten sind gut beraten, in diesem Bereich alle Möglichkeiten der Rationalisierung zu nutzen, die DFÜ gehört mit Sicherheit dazu.

Mit der Integration der Entsorger in einen DFÜ-Verbund geht keine Verschlechterung der Überwachung einher, weil die Begleitscheine dann nur noch stichprobenartig visuell geprüft werden müssen, sondern die ankommenden Daten werden vor einer Integration in ARSYS mit allen Möglichkeiten des Programms einem Plausibilitätstest unterworfen, so wie es auch bei einer manuellen Dateneingabe der Fall wäre.

Erzeuger, Beförderer
Die Einbindung von Erzeugern und Beförderern (z. T. in der Funktion des Sekundärerzeugers im Falle der Sammelentsorgung) ist nicht so nachhaltig wie die der Entsorger, aber auch denkbar.

Dieser Schritt kann erst vollzogen werden, wenn die Einbindung der Entsorger zufriedenstellend gewährleistet werden kann.

3.3 Qualitätssicherung der Daten (QS)

Unter Qualitätssicherung werden alle Aktivitäten verstanden, die sich mit Fragen der Validierung von Daten beschäftigen, sowohl organisatorisch als auch informationstechnisch.

Es wird ein weitergehendes Konzept zur Qualitätssicherung aus mehreren Gründen erforderlich werden:

- ARSYS integriert Datenbestände aus sehr unterschiedlichen organisatorischen Einheiten (staatliche, aber auch private).
- ARSYS ist ein System, das vorhandene Datenbestände integriert.
- ARSYS wird von einer Vielzahl von Anwendern genutzt, die Daten eingeben und auswerten.
- ARSYS ist kein abgeschlossenes System, sondern wird auch in den nächsten Jahren wachsen; das heißt, es wird die sich wandelnden Anforderungen berücksichtigen müssen.

Zur Erhaltung der gewünschten Datenqualität sind grundsätzlich zwei Gestaltungsoptionen zu berücksichtigen:

- die informationstechnische und
- die organisatorische.

Informationstechnisch ist ARSYS schon so gestaltet, daß die Daten sich weitgehend selbst erklären und ihre Entstehung gewissermaßen mit sich führen. Dieses Grundprinzip wird bei ARSYS recht umfassend eingehalten.

Es ist davon auszugehen, daß die informationstechnischen Möglichkeiten zwar einen wichtigen Teil der Qualitätssicherung abdecken, aber für eine wirksame Qualitätssicherung nicht ausreichen. So bieten z. B. Normen (insbesondere DIN-Normen) immer noch einen erheblichen Gestaltungsspielraum für Interpretationen, die u. U. Analysen stark verfälschen können. Die informationstechnische Plausibilisierung kann zwar im Rahmen des technisch Möglichen krasse Fehleingaben verhindern, aber letztlich keine Gewähr dafür bieten, daß die Daten auch wirklich korrekt sind. Allein die Vielzahl der an ARSYS Beteiligten ist eine wesentliche Ursache für abweichendes Verhalten bei vielen Detailfragen, wie sie im Laufe der Arbeit mit ARSYS auftauchen werden. Daher sind organisatorische Qualitätssicherungsmaßnahmen erforderlich.

Organisatorische Gestaltungsoptionen:

- über einen Qualitätssicherungsbeauftragten,
- über Qualitätszirkel,
- über ein QS-Handbuch,
- über Verfahrens- und Arbeitsanweisungen.

Die konkret zu treffenden Maßnahmen werden mit der flächendeckenden Einführung und nach Vorliegen der ersten Erfahrungen erarbeitet und dann umgehend umgesetzt.

3.4 Einsatz moderner IuK-Techniken

Datenträger, Datenfernübertragung
Die Verwendung von Datenträgern und/oder der Datenfernübertragung ist im Verwaltungsbereich derzeit noch nicht Stand der Technik. Allein in Bereichen der Verwaltung, die entscheidend auf die moderne Technik angewiesen sind, ist diese Technik weiter verbreitet. Die konventionellen Verwaltungsbereiche fristen eher ein Dasein im Schatten der technischen Entwicklung.

Um so erfreulicher ist die Entwicklung in ARSYS, wo die Verwaltungen länderübergreifend die Chancen der heutigen Technik erkannt haben und das Verfahren mit allen technischen Möglichkeiten umsetzen wollen. Hierbei wird – wie zuvor schon beschrieben – die Datenfernübertragung den Regelfall darstellen.

Daneben wird auch noch die Technik des Datenträgeraustausches (i. d. R. Disketten) genutzt, dieses aber eher als Notorganisation oder mit mit am Verfahren Beteiligten, die über DFÜ nicht erreichbar sind (oder sein wollen).

Optische Belegleser
Gerade aufgrund der Papierflut, die mit der AbfRestÜberwV im Bereich der Sonderabfallentsorgung ausgelöst worden ist, kam häufig die Anregung, die Belege zu
scannen und über eine OCR-Erkennung im Anschluß weiterzuarbeiten (OCR –
Optical Character Recognition, Optische Zeichenerkennung). Auch der Verordnungsgeber wollte beim Erlaß der AbfRestÜberwV diese Möglichkeit nicht
ausschließen und hat diesen Aspekt bei der Gestaltung der Formulare berücksichtigt. Es kann in diesem Zusammenhang nur als Panne bezeichnet werden, daß beim
Abdruck der Verordnung die Formulare verkleinert wiedergegeben worden sind, so
daß sie in kopierter Form nicht genutzt werden können, da die Abstände zwischen
den Zeichen für eine sichere OCR-Erkennung zu klein geworden sind.

Der Einsatz von optischen Beleglesern wurde auch bei der Entwicklung von
ARSYS geprüft. Die Verwendung wurde verworfen. Folgende Gründe sprachen
dagegen:

- Die Belege – insbesondere die Begleitscheine – werden häufig handschriftlich
  mit schlechter Qualität ausgefüllt, die Scheine werden zerknittert und
  verschmutzt abgegeben. Diese Belege können mit der erforderlichen
  Erkennungssicherheit nicht verarbeitet werden.
- Die manuelle Nacharbeit und der Kontrollaufwand stehen in keinen
  Verhältnis zum Zeitgewinn.
- Zum Zeitpunkt der Entscheidung waren die Kosten von Hard- und Software
  unter Berücksichtigung der o.g. Punkte unwirtschaftlich hoch. Durch die
  schnelle Entwicklung der Technik in den letzten Jahren könnten optische
  Belegleser inzwischen so günstig angeboten werden, daß eine Verwendung
  für die Begleitscheine, die in einer maschinell bedruckten Form vorliegen, in
  Betracht gezogen werden könnten. Eine vollständige Verarbeitung der Belege
  über optische Belegleser ist auch für die überschaubare Zukunft nicht
  realistisch.

Mit der Nutzung der Datenfernübertragung (oder des Datenträgeraustausches)
werden die zuvor genannten Probleme umgangen. Die elektronische Übermittlung
der Daten vermeidet jegliche Dateneingabe, die Plausibilität der Daten kann durch
das DV-System überprüft werden, so daß der manuelle Erfassungs- und Kontrollaufwand auf ein Minimum beschränkt werden kann.

Die Entwicklung der letzten Zeit zeigt, daß nicht der automatisierten Umsetzung
von personalintensiven Arbeiten die Zukunft gehört, sondern der unmittelbaren
Nutzung der Daten selbst. Belegleser und OCR-Erkennung können in dieser Entwicklung nur ein temporärer Zwischenschritt sein, der nur für eine Übergangszeit
akzeptiert werden kann, sofern die heutigen kommunikativen Möglichkeiten, sei es
aus Gründen der Hardware, sei es aus Gründen der Software, nicht genutzt werden
können.

Optische Datenspeicherung
Mit der Einführung von ARSYS müssen in den Überwachungsbehörden riesige Datenmengen gespeichert werden, die bei Bedarf anderen Behörden – z. B. der Polizei bei Verkehrskontrollen – in kurzer Zeit zugänglich gemacht werden müssen. Ein Ausweg zur Reduzierung des Aktenvolumens und zur Verbesserung der Verfügbarkeit ist die optische Speicherung der Belege. Nicht nur in der Praxis setzt sich dieses Verfahren zunehmend durch, sondern es wird auch von Gerichten – mit gewissen Auflagen – als zulässiges Verfahren der Aktenführung anerkannt. Die Verwendung von Telefaxen als vollgültiges Dokument ist ein Beispiel für die Etablierung neuer Techniken.

In einem Bundesland, welches ARSYS einsetzt, wird die Technik der optischen Speicherung bereits in einem Erprobungsstadium angewendet: Das bayerische Landesamt für Umweltschutz – Außenstelle Nordbayern in Kulmbach – wird als erstes und bislang einziges Land die Entsorgungs- und Verwertungsnachweise nach der Einführungsphase in der behördlichen Praxis in gescannter Form verwenden.

Die ersten Versuche zeigen, daß mit der Verwendung dieser Technik auch hier innerhalb des Projektes ARSYS Neuland betreten wurde; Probleme in der Anwendung blieben nicht aus. Doch es ist sicher nur eine Frage der Zeit, wann die Anfangsschwierigkeiten überwunden sind. Die Verwendung der optischen Archivierung ist langfristig mit Sicherheit ein Weg, auch die Arbeit der Verwaltungen kostengünstiger und effektiver zu gestalten.

Transportkontrolle
Die behördlichen Überwachungsverfahren in der Abfallwirtschaft sind ausgelegt auf eine nachlaufende Kontrolle der Entsorgungsvorgänge. Möglichkeiten einer weitergehenden Kontrolle der Abfallbehälter (und der Inhalte) sind damit nicht verbunden. Für den Erzeuger, den Beförderer und den Entsorger ist das jetzige Verfahren mit viel Aufwand verbunden, der für die betrieblichen Belange kaum genutzt werden kann. Insbesondere für den Beförderer wäre eine Möglichkeit zur Kombination der Verfahren von großem Interesse, da so die Chance eröffnet würde, den behördlichen Nachweis mit einer logistischen Kontrollmöglichkeit zu verbinden.

Aufgrund dieser Überlegungen sind gerade in der Privatwirtschaft Versuche durchgeführt worden, bei denen die Abfallbehälter mit Chipkarten versehen worden sind, die alle relevanten Daten enthalten. Andere Überlegungen gehen noch weiter: Bei dem weitergehenden Konzept wird in den Chipkarten sogar noch ein spezielles elektronisches Bauteil integriert, welches die Daten über den Behälterinhalt über Funk an eine Empfangsstation übermitteln kann, für die logistischen Belange sicher ein optimales Verfahren.

Aus behördlicher Sicht sind solche Innovationen grundsätzlich als sehr positiv anzusehen. Der Nutzen dieser sehr kostenintensiven Technik wird allerdings so lange nicht erwartet werden können, wie die rechtlichen Grundlagen deren Verwendung nicht abdecken. Für den Unternehmer rechnet sich die Investition erst, wenn mit der neuen Technik auch die Nachweisführung auf eine andere Basis gestellt wird. Hier ist der Verordnungsgeber beim Bund gefordert, weil nur auf dieser Ebene eine Neuregelung sinnvoll und zweckmäßig ist.

Für die Vollzugsbehörden in den Ländern, die ebenso wie die Privatwirtschaft über den Aufwand des Nachweisverfahrens stöhnen, bringen solche Verfahren deutliche Erleichterungen mit sich, da sie den manuellen Erfassungs- und Kontrollaufwand reduzieren. Zugleich kann damit die konkrete Überwachung der Entsorgungsvorgänge (z. B. bei Straßenkontrollen durch die Polizei) wesentlich effektiver gestaltet werden, was die Mehrzahl der seriösen Entsorgungsunternehmen kaum zu befürchten haben, sondern sogar eher zur Verbesserung des durch die zahlreichen Skandale angeschlagenen Images beitragen kann.

4   Ausblick

Das Projekt ARSYS, welches in Niedersachsen als ein kleines und überschaubares Projekt zur Erfassung und Verarbeitung von Daten aus dem Sonderbfallbereich auf der Grundlage der AbfRestÜberwV begonnen hatte, hat sich zu einem großen, sehr innovativen Vorhaben entwickelt. Im Verlauf der Projektabwicklung wurde das Konzept ständig fortgeschrieben, die Innovationen der Hard- und Software-Entwicklung wurden mit integriert.

Mit ARSYS wurde in vielen Ländern der Grundstein zu einer konsequenten Nutzung der EDV in der Abfallwirtschaft gelegt, da durch die Bereitstellung der notwendigen Hardware-Infrastruktur die Voraussetzungen für die Gestaltung anderer Bereiche der Abfallwirtschaft geschaffen wurden. Hierbei sind insbesondere der gesamte Altlasten- sowie der Abfallanlagenüberwachungsbereich zu nennen.

Niedersachsen will ARSYS als Keimzelle für die Ausdehnung der DV-Technik auf die übrige Abfallwirtschaft nutzen.

Aufgrund der guten Erfahrungen mit dem Projekt ARSYS werden jetzt schon konkrete Überlegungen angestellt, die Kooperation der ARSYS-Länder auch für ein weitergehendes gemeinsames Vorgehen auf den anderen Feldern der Abfallwirtschaft zu nutzen.

Kreislaufwirtschafts- und Abfallgesetz als Grundlage zum Pflichtenheft für EDV-Anwendungen

Karlheinz Kalenberg

1 Zusammenfassung

Die Dokumentations- und Veröffentlichungspflichten der Abfall- und Reststofferzeuger nehmen immer weiter zu. Ein EDV-System "Reststoffverwaltung" ist dafür ein Hilfsmittel. Es kann zur Datenverwaltung in einem Unternehmen effektiv eingesetzt werden, wenn die Struktur des Unternehmens bekannt und ist bei der Realisierung des EDV-Systems berücksichtigt wird.

Hierfür ist es erforderlich, die für das Reststoff- und Abfallwesen vorhandene Logistik im Vorfeld zu analysieren.

Gleiches gilt für die vorhandene EDV-Landschaft (Hard- und Software) und die daraus zur Verfügung gestellten Daten. Vor der Entscheidung über die Realisierung des EDV-Systems "Reststoffverwaltung" sind die Benutzergruppen und deren Aufgaben zu definieren.

Als letzter Schritt vor einer Realisierung (in- oder extern) ist eine Kosten-Nutzen-, Aufwand-Nutzen-Analyse erforderlich, um die Entscheidung zu objektivieren.

2 Ziel des Beitrags

Das Abfallgesetz in seiner gültigen Form definiert diverse Betreiber- und Beauftragtenpflichten. Das im Entwurf vorliegende neue Kreislaufwirtschaftsgesetz wird, unabhängig von den unterschiedlichen Interessen des Bundes und der Länder, weitere Aufgaben und Pflichten der entsprechenden Personen festlegen. Neben dem Kreislaufwirtschafts- und Abfallgesetz sind die Vorgaben aus den jeweiligen Landesabfallgesetzen zu berücksichtigen.

Ein geeignetes Hilfsmittel zur Vereinfachung der Arbeit ist unter bestimmten Randparametern der Einsatz der elektronischen Datenverarbeitung. Bei der näheren Betrachtung des EDV-Einsatzes zeigt sich, daß vor der Realisierung einer EDV-

Unterstützung die internen Abläufe und Verantwortlichkeiten definiert sein müssen. Im einzelnen behandelt der Beitrag

- die Erfordernis, daß alle im Programm abgebildeten Funktionen neben anderen Vorgaben auf das Kreislaufwirtschaftsgesetz und andere Gesetze gerichtet sein sollen,
- die Notwendigkeit, alle im Reststoff- und Abfallwesen vorhandenen Stoff- und Informationsflüsse zu strukturieren und fortzuschreiben (z. B. mittels eines Flußdiagrammes),
- die Beschreibung von Randparametern für die Umsetzung des Logistik- konzeptes in eine EDV-gestützte Reststoff- und Abfallverwaltung.

3   Abgrenzung des Themas

Im ersten Teil werden die augenblicklich im Kreislaufwirtschaftsgesetz vorgese- henen Regelungen, soweit sie für die Tätigkeit des Betriebsbeauftragten relevant sind, beschrieben. Ebenfalls wird die Notwendigkeit logistischer Strukturen auch im Reststoff- und Abfallwesen der Fertigungsbetriebe dargestellt.

Der zweite Teil befaßt sich mit den grundsätzlichen Anforderungen an eine sich daraus ableitende EDV-Anwendung. Die grundsätzlichen Aussagen lassen sich, auch wenn der Beitrag vor dem Hintergrund eines Fertigungsbetriebes aufgebaut ist, auf Verwaltungen, Transporteure und Abfallbeseitiger übertragen.

In diesem Rahmen ist es uns nur möglich, die wesentlichen Punkte anzureißen. Sie als EDV-Experten bzw. Abfallspezialisten werden hierfür sicher Verständnis haben.

4   Das Kreislaufwirtschafts- und Abfallgesetz

Aufgrund der Einigung im Vermittlungsausschuß am 23.06.1994 wurde der Abschnitt 4 nach der Veranstaltung überarbeitet.

4.1   Ziel der Novelle

Das Abfallgesetz erfährt durch seine 5. Novelle eine umfassende Neugestaltung. Der Grundgedanke hierbei ist die Installation einer Kreislaufwirtschaft, das heißt, Rohstoffe sollen nach ihrer Verwendung möglichst lange zur Schonung der Ressourcen im Wirtschaftskreislauf verbleiben. Um dies zu erreichen, werden diverse neue Betreiberpflichten und Aufgaben des Beauftragten definiert. Daneben wird der Abfallbegriff dem EG-Recht angepaßt. Dies bedeutet, daß alle beweglichen Sachen, die unter die in Anhang 1 aufgeführten Gruppen fallen und deren sich ihr Besitzer entledigt, entledigen will oder entledigen muß, unter dem Begriff Abfall zusammengefaßt sind. Man unterscheidet danach nur noch in

– Abfälle zur Verwertung und
– Abfälle zur Beseitigung.

4.2 Gesetzgebungsverfahren

Der Bundestag hatte am 15.04.1994 mit den Stimmen der Regierungskoalition das neue Abfallgesetz beschlossen. Diesem Gesetz verweigerte der Bundesrat am 20.05.1994 die Zustimmung.

Im Vermittlungsausschuß einigte man sich am 23.06.1994 auf einen Kompromiß, der umgehend im Bundestag (Bundestagsdrucksache 12/8085) am 08.07.1994 und im Bundesrat (Bundesratsdrucksache 653/94) verabschiedet wurde.

4.3 Ausweitung der Betreiberpflichten

Bei der Ausweitung der Betreiberpflichten sind die Komplexe

– Betriebsorganisation (§ 53),
– Abfallwirtschaftskonzept (§ 19) und
– Abfallbilanz (§ 20)

besonders hervorzuheben.

Die Betriebsorganisation ist analog dem Bundesimmissionsschutzgesetz (BImSchG) zu gestalten (§§ 53-54 KrW-/AbfG). Ein Abfallwirtschaftskonzept und die Abfallbilanz sind grundsätzlich von jedem Unternehmen mit jährlich mehr als 2000 kg besonders überwachungsbedürftigen Abfällen oder mehr als 2000 t überwachungsbedürftigen Abfällen je Abfallart zu erarbeiten und in regelmäßigen Abständen fortzuschreiben.

4.4 Zusätzliche Aufgaben des Abfallbeauftragten

Auch für die Abfallbeauftragten wurde der Regelinhalt dem BImSchG angeglichen. § 55 KrW-/AbfG umfaßt daneben auch noch die Bestimmungen des z. Z. noch geltenden § 11b AbfG.

Zu den Aufgaben des Abfallbeauftragten zählen demnach insbesondere:

– den Weg der Rückstände von Ihrer Entstehung oder Anlieferung bis zu ihrer Verwertung oder Entsorgung zu überwachen,

- die Einhaltung der Vorschriften dieses Gesetzes . . . zu überwachen, insbesondere durch Kontrolle der Betriebsstätte und der Art und Beschaffenheit der . . . Abfälle in regelmäßigen Abständen, Mitteilung festgestellter Mängel und Vorschläge über Maßnahmen zur Beseitigung dieser Mängel,
- die Betriebsangehörigen aufzuklären über Beeinträchtigungen des Wohls der Allgemeinheit, welche von den Abfällen ausgehen können . . . und über Einrichtungen und Maßnahmen zu ihrer Verhinderung unter Berücksichtigung der . . . geltenden Gesetze und Rechtsverordnungen,
- auf Entwicklung und Einführung umweltfreundlicher Verfahren . . . hinzuwirken,
- einen jährlichen Bericht an den Betreiber abzugeben.

4.5   Auswirkung auf die Arbeit des Abfallbeauftragten

Nicht alle Regelungen des KrW-/AbfG haben eine direkte Auswirkung auf die alltägliche Arbeit des Betriebsbeauftragten. So richtet sich die Forderung des Abfallwirtschaftskonzeptes und der Abfallbilanz vorrangig an den Betreiber bzw. Verursacher. In vielen Fällen wird der Abfallbeauftragte als Fachmann des Unternehmens die Erstellung des Abfallkonzeptes bzw. der Abfallbilanz federführend leiten, zumal die Überwachung der Stoffströme schon zu seinen originären Pflichten gehört.

4.5.1   Abfallwirtschaftskonzept

Das Gesetz fordert von Abfallerzeugern, bei denen jährlich mehr als insgesamt 2000 kg besonders überwachungsbedürftige Abfälle oder jährlich mehr als 2000 t überwachungsbedürftige Abfälle je Abfallschlüssel anfallen, ein Abfallwirtschaftskonzept zu erstellen. Das Abfallwirtschaftskonzept ist erstmals bis 31.12.1999 für die nächsten fünf Jahre zu erstellen und alle fünf Jahre fortzuschreiben, soweit die Länder bis zum Inkrafttreten dieses Gesetzes nichts anderes bestimmt haben. Das Konzept dient als internes Planungsinstrument und ist auf Verlangen der zuständigen Behörde zur Auswertung für die Abfallwirtschaftsplanung vorzulegen. Die näheren Anforderungen an Form und Inhalt sowie Ausnahmen werden durch Rechtsverordnung noch geregelt.

Das Abfallwirtschaftskonzept hat zu enthalten:

1. Angaben über Art, Menge und Verbleib der besonders überwachungsbedürftigen Abfälle, der überwachungsbedürftigen Abfälle zur Verwertung sowie der Abfälle zur Beseitigung,
2. Darstellung der getroffenen und geplanten Maßnahmen zur Vermeidung, zur Verwertung und zur Beseitigung von Abfällen,
3. Begründung der Notwendigkeit der Abfallbeseitigung, insbesondere Angaben zur mangelnden Verwertbarkeit aus den in § 5 Abs. 4 genannten Gründen,

4. Darlegung der vorgesehenen Entsorgungswege für die nächsten fünf Jahre;
   bei Eigenentsorgern Angaben zur notwendigen Standort- und Anlagenplanung
   sowie ihrer zeitlichen Abfolge,
5. gesonderte Darstellung des Verbleibs der unter Nr. 1 genannten Abfälle bei
   der Verwertung oder Beseitigung außerhalb der Bundesrepublik
   Deutschland.

Das Landesabfallgesetz NRW hat andere Mengenschwellen festgelegt, die bis zum
Inkrafttreten des Bundesgesetzes für NRW gelten. Danach haben Erzeuger von
mehr als insgesamt 500 kg besonders überwachungsbedürftigen Abfällen und Erzeuger sonstiger überwachungsbedürftiger Abfälle und Reststoffe, bei denen jährlich mehr als 2000 t je Abfallschlüssel anfallen, ein betriebliches Abfallwirtschaftskonzept für alle im Betrieb anfallenden Abfälle zu erarbeiten, fortzuschreiben und
auf Verlangen der zuständigen Behörde vorzulegen.

Diese Unterlagen haben folgenden Mindestinhalt:

1. Angaben über Art, Menge und Verbleib der zu entsorgenden Abfälle (Muster
   eines Erfassungsbogens, s. Abb. 1),
2. Darstellung der getroffenen und geplanten Abfallvermeidungs- und Verwertungsmaßnahmen,
3. Nachweis einer fünfjährigen Entsorgungssicherheit, bei Eigenentsorgungen
   einschließlich der notwendigen Standort- und Anlageplanung,
4. Ausführungen zur umweltverträglichen Entsorgbarkeit der erzeugten Produkte nach Wegfall der Nutzung.

4.5.2 Abfallbilanz

Neben dem Abfallwirtschaftskonzept wird im Kreislaufwirtschafts- und Abfallgesetz von Verpflichteten im Sinne des § 19 Abs. 1 jährlich eine Abfallbilanz
gefordert. Sie soll jeweils für das abgelaufene Jahr eine Übersicht über Art, Menge
und Verbleib der verwerteten oder beseitigten besonders überwachungsbedürftigen
und überwachungsbedürftigen Abfälle geben und ist auf Verlangen der zuständigen
Behörde vorzulegen (Abb. 2). Sie ist erstmals zum 01.04.1998 für das voran-
gegangene Jahr zu erstellen.

Im Abfallgesetz des Landes Nordrhein-Westfalen ist ab den gleichen Mengen wie
beim "Betrieblichen Abfallwirtschaftskonzept" (NRW) eine jährliche Abfallbilanz
vorgeschrieben, die neben der Behörde auch der Öffentlichkeit in geeigneter Weise
zugänglich zu machen ist (Muster einer der Öffentlichkeit zugänglich gemachten
Liste, Abb. 3).

Unternehmen: ________________________   Erstellungsdatum: ________________

Abfall- und Reststoffart	Sammelbehältnis	Behälter-zahl	Volumen	Leerung	durch-schnittlicher Füligrad (%)	Anmerkungen	Entsorgt unter Abfallschlüssel

Abb. 1. Bestandsaufnahme der internen Sammlung von Reststoffen/Abfällen im Betrieb

	Bund	NRW
ZEITRAUM	jährlich erstmals zum 01.04.1998 für 1997	jährlich
MENGENVORAUS-SETZUNG	insgesamt mehr als 2000 kg besonders überwachungsbedürftige Abfälle mehr als 2000 t überwachungsbedürftige Abfälle je Abfallschlüssel	insgesamt mehr als 500 kg besonders überwachungsbedürftige Abfälle mehr als 2000 t überwachungsbedürftige Abfälle je Abfallschlüssel
STOFFE	verwendete oder beseitigte besonders überwachungsbedürftige und überwachungsbedürftige Abfälle nach - Art - Menge - Verbleib	alle Abfälle die entsorgt oder verwertet wurden nach - Art - Menge - Verbleib; wenn keine Verwertung möglich, ist dies zu begründen
ADRESSAT	zuständige Behörde auf Verlangen	Öffentlichkeit zuständige Behörde auf Verlangen

Abb. 2. Abfallbilanz

Unternehmen:_________________   Erstellungsdatum:_________

Abfall-schlüssel Nr.	Abfallart	Angaben zur externen Verwertung Kurze Beschreibung der Art der Verwertung (Ist-Zustand) Entsorger, Verwerter

Abb. 3. Betriebliche Abfallbilanz

4.5.3 Überwachung der Stoffströme

Die konsequente Erfassung aller Stoffströme ist aus unserer Sicht eine unentbehrliche Voraussetzung, die "Konzepte" und "Bilanzen" zu erstellen. Vor einer Darstellung der Ströme ist es erforderlich, die abfallerzeugenden Einsatzstoffe zu ermitteln. Alle anfallenden Abfälle sind zu erfassen und mit den Einsatzstoffen in Bezug zu setzen. Hierzu ist es erforderlich, die in den einzelnen Abteilungen eingesetzten Produktionslinien mit ihren Verfahrensschritten zu betrachten (Abb. 4, 5).

Die Hauptanfallstellen nach Art und Menge der Abfälle lassen sich nun gezielt überprüfen und die Aktivitäten zur Minderung der Abfallmengen möglichst effektiv steuern. Diese Erkenntnisse sind für das Abfallwirtschaftskonzept zu nutzen.

Häufig ergeben sich auch schon durch konsequente Trennung der unterschiedlichen Abfälle für den Verursacher Verwertungsmöglichkeiten und Kostenvorteile.

4.5.4 Berichtspflicht

Nach § 55(2) des vom Bundestag verabschiedeten KrW-/AbfG hat der Abfallbeauftragte dem Betreiber jährlich einen Bericht der in seinem Tätigkeitsbereich getroffenen und beabsichtigten Maßnahmen zu erstatten. Diese Regelung ist deckungsgleich mit § 11b(2) des geltenden Abfallgesetztes. Abgesehen von dem zugrundeliegenden Tätigkeitskatalog ist der Betriebsbeauftragte in Form und Ausgestaltung der Berichte frei.

5   Einsatz der EDV bei der Abfallverwaltung

Zur Bewältigung des größten Teils der dargestellten Aufgaben und Pflichten sind zahlreiche Daten zu erfassen, zu verwalten und zusammenzuführen. Dieser Umfang ist aus unserer Sicht grundsätzlich nur mit Hilfe eines geeigneten EDV-Systems zu bewältigen.

5.1   Möglichkeiten und Grenzen des EDV-Einsatzes in der Abfallverwaltung

Die EDV ist unserer Meinung nach ein Hilfsmittel zur Bewältigung der Datenfülle. Sie ermöglicht dem Nutzer, in kurzer Zeit Informationen über seine jeweilige Situation zu erhalten. Hierbei ist zu berücksichtigen, daß nur eingegebene oder anderweitig zur Verfügung gestellte Daten genutzt und ausgewertet werden können. Um ein EDV-System "Reststoffverwaltung" in einem Unternehmen effektiv einzusetzen, muß bei der Erstellung die im Unternehmen vorhandene Logistikstruktur berücksichtigt werden.

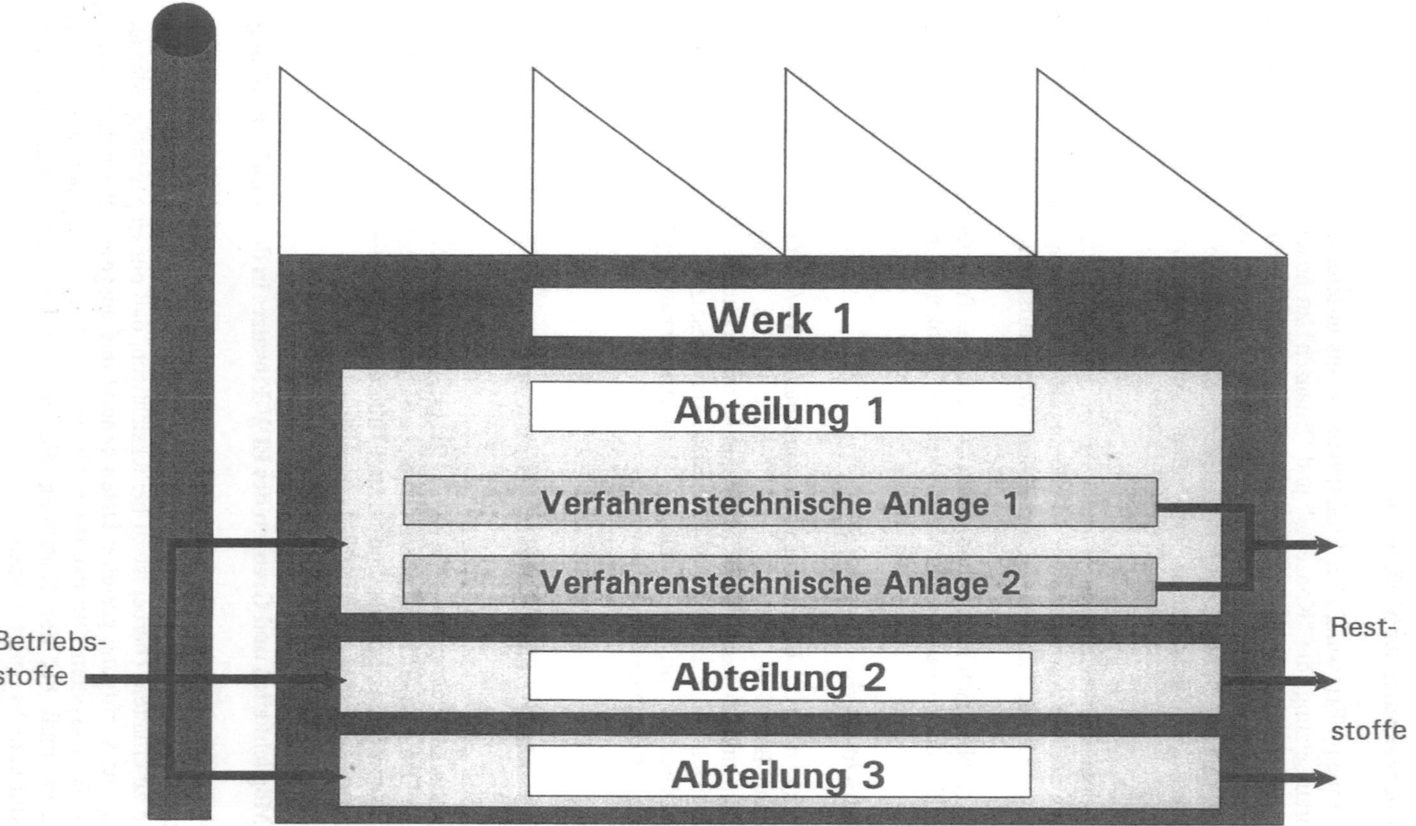

Abb. 4. Stofferfassung eines Verfahrens

<u>Beispiel</u>: Vergießen und Lackieren von Leiterplatten

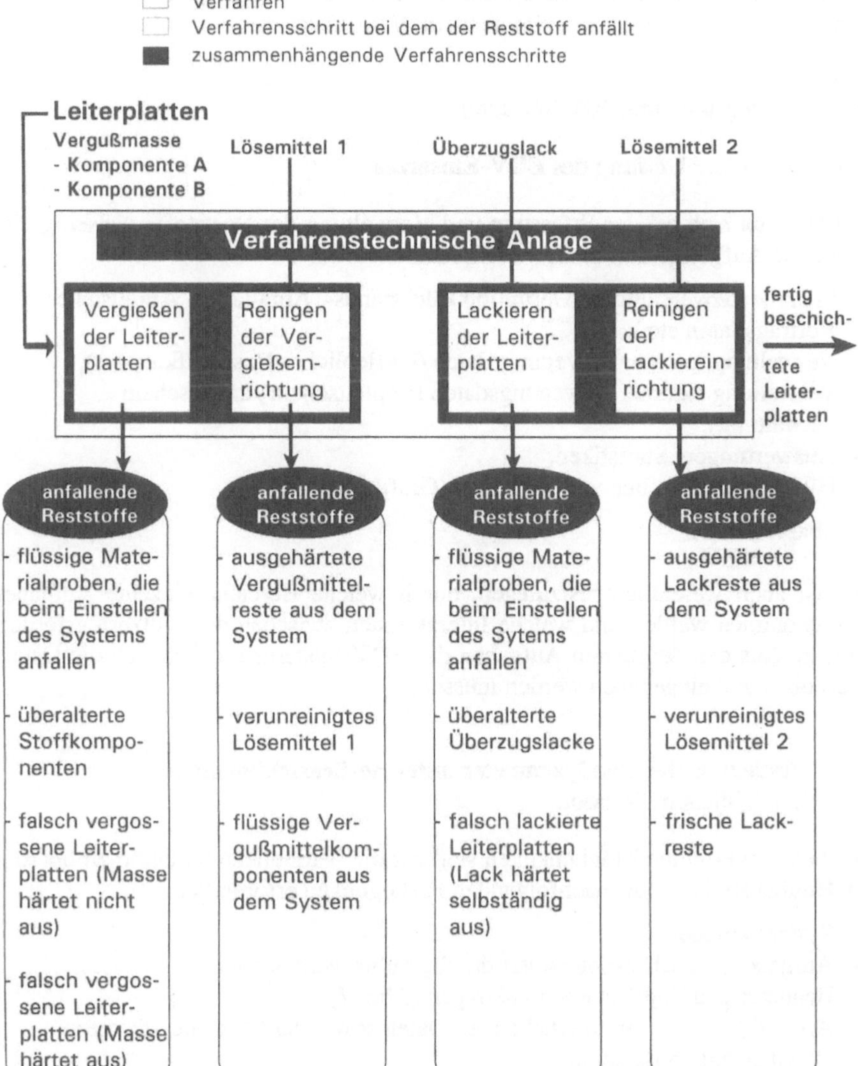

Abb. 5. Stofferfassung nach Verfahrensumstellung

Ein wesentlicher weiterer Aspekt ist die Einbindung des EDV-Systems "Reststoffverwaltung" in die vorhandene EDV-Landschaft. Ein besonderes Augenmerk ist hierbei auf in anderen Systemen verfügbare Datenstämme mit dem Ziel einer rationellen Datenpflege zu legen.

Bei der Nutzung des Systems ist grundsätzlich davon auszugehen, daß es von einem EDV-Laien bedient werden kann. Hieraus ergibt sich zwingend eine klare Benutzerführung, die auf die Bedürfnisse des Unternehmens abgestimmt ist und alle erforderlichen Auswertungen auf einfachem Weg zuläßt.

5.2   Konzeption einer EDV-Lösung

5.2.1   Möglicher Umfang des EDV-Einsatzes

Die EDV läßt sich bei der Erfassung und Verwaltung der Reststoffe vielseitig einsetzen. Die Aufgaben sind in die wesentlichen Blöcke

- Stammdatenverwaltung (Definition Rückstands-, Abfallarten, Anfallstellen, Vertragsdaten etc.),
- Verwaltung interner Bewegungsdaten (betriebliches Reststoffkataster),
- Verwaltung externer Bewegungsdaten (Begleitschein-/Lieferscheinverwaltung),
- Auswertungen, Statistiken,
- Hilfen beim Erstellen von Berichten (Grafik, Editor)

einteilbar (Abb. 6).

Es ist auch wesentlich festzulegen, durch welche Bereiche einzelne Aufgaben wahrgenommen werden und welche Interaktionen zwischen den Nutzern erforderlich sind. Aus den definierten Aufgaben des EDV-Systems ergeben sich die Daten, die erhoben und eingegeben werden müssen.

5.2.2   Festlegung der Randparameter unter Berücksichtigung der betrieblichen Situation

Die oben dargestellten Möglichkeiten sind auf die betriebliche Situation zu übertragen. Hierbei sind u. a. die nachfolgenden Festlegungen erforderlich:

- Systembetreuer,
- Aufgaben, die EDV-unterstützt durchgeführt werden sollen,
- Benutzer und Zugriffsbeschränkungen (Abb. 7),
- Art und Struktur der zu erhebenden Daten sowie der Bereiche, die diese Daten ermitteln (s. unten),
- Hardware (Großrechner, Workstation, PC) (Abb. 8),
- Systemstruktur und Verknüpfung (zentral, dezentral, Mischsystem) (Abb. 9),
- Peripheriegeräte, z. B. Drucker, externe Datenträger, Datenleitungen, externe Speichermedien.

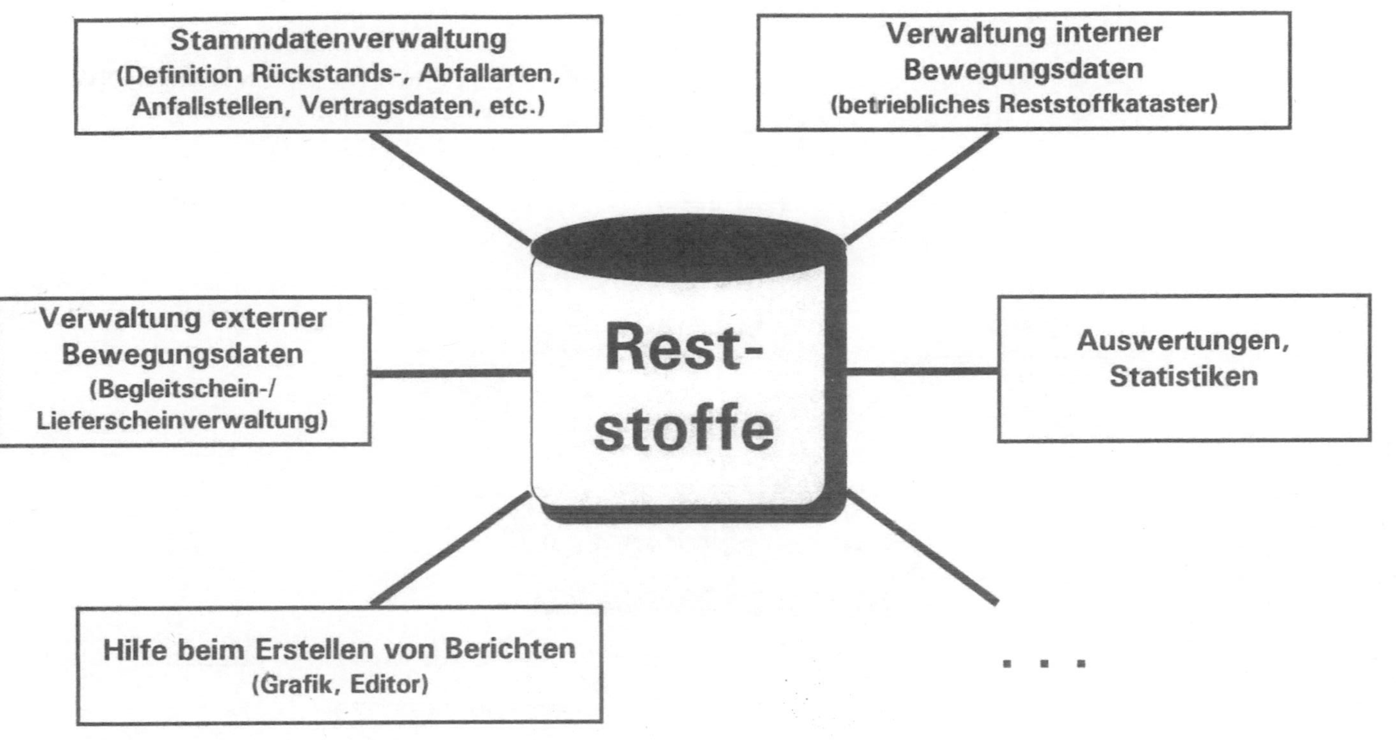

Abb. 6. Möglicher Umfang des EDV-Einsatzes

Abb. 7. Mögliche Nutzer und deren Wechselbeziehungen

PC - Einzelplatz

PC-Netz

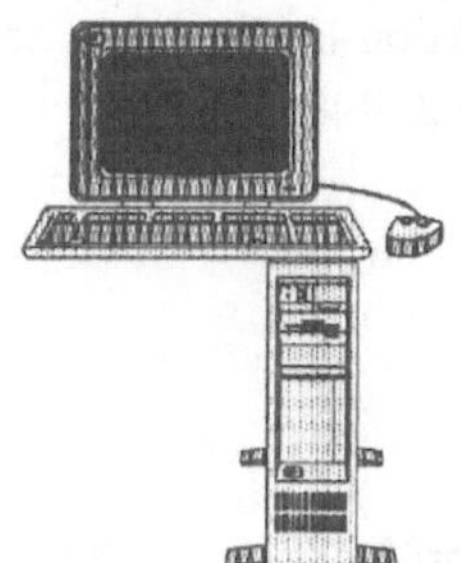

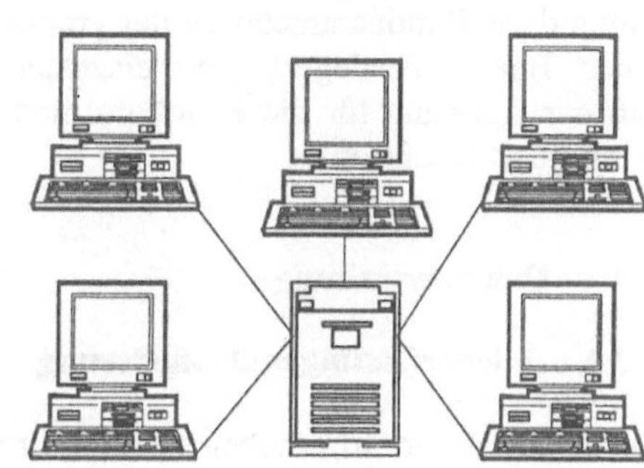

Großrechner

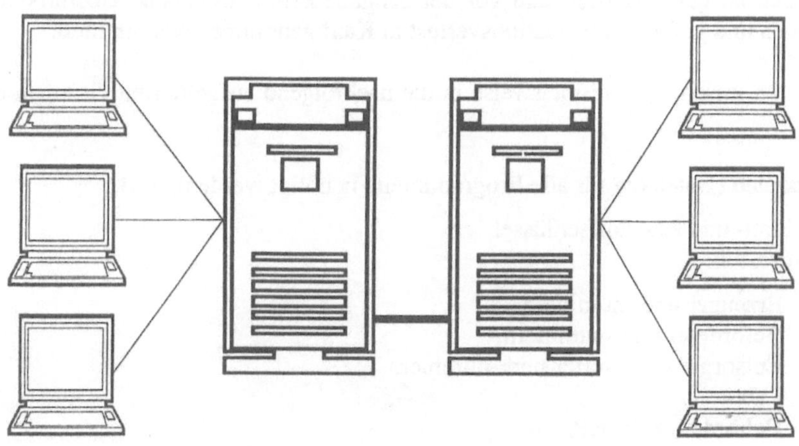

Abb. 8. Hardware

5.2.3 Abgeleiteter Umfang

Durch diese Randparameter ist der grundsätzliche Umfang des EDV-Einsatzes definiert. Bei der Festlegung jeder einzelnen Programmfunktion ist darauf zu achten, daß der Aufwand für die Erstellung und Pflege des Programmoduls den Nutzen beim Einsatz rechtfertigt.

5.3   Datenverwaltung

5.3.1 Datenerfassung und Gliederung

Bevor Daten vor Ort erhoben werden, ist es sinnvoll zu prüfen, ob sie schon in anderen EDV-Systemen zur Verfügung stehen und wie sie von dort abgerufen werden können. Hierbei ist auch der Aktualisierungsrhythmus und der für die Datenerfassung Verantwortliche zu ermitteln. Danach ist festzulegen, an welchen Stellen des Unternehmens und durch wen die anderen reststoffrelevanten Daten erfaßt und bearbeitet werden sollen, um eine vollständige Datenerhebung bei geringstmöglichem Aufwand zu gewährleisten. Ebenfalls sind die Daten entsprechend der EDV-Struktur zu erfassen (Beispiel Abb. 9).

Hierdurch ist gewährleistet, daß vor der Eingabe keine zusätzliche Überarbeitung der Daten und ggf. ein Informationsverlust in Kauf genommen werden muß.

Die Daten lassen sich beispielsweise in die nachfolgend aufgeführten Gruppen einteilen.

Grunddaten (Daten die für alle Programmteile benötigt werden), z. B.:

- Abfall- und Reststoffschlüssel,
- Adressen:

  - Erzeuger und -nummern,
  - Beförderer und -nummern,
  - Entsorger-/Verwerter und -nummern,
  - Labor,
  - Behörden, z. B. RP,
  - Sonstige.

Daten für spezielle Programmanwendungen (Funktionen):

- Verwaltung der Entsorgungs- und Verwertungsnachweise (EVN):

  - Herkunft der Abfall- und Reststoffe,
  - Beschreibung der Abfall- und Reststoffe,
  - Entstehung der Abfall- und Reststoffe,
  - Hinweise zur Arbeitssicherheit und Inhaltsstoffen,
  - Analytik der Abfall- und Reststoffe,
  - Mengen und Häufigkeit der Abfall- und Reststoffe,

– Beförderungsart (GGVS, GGVE usw.) der Abfall- und Reststoffe,
– Daten aus der Annahmeerklärung und der Behördenbestätigung;

– Begleitscheinverwaltung (Abfall und Reststoff):

  – Termine,
  – Mengen,
  – Daten aus dem EVN (s. oben);

– interne Katasterdaten:

  – interne Anfallstellen,
  – interne Sammelstellen,
  – Reststoffart,
  – Reststoffmengen,
  – Annahmetermin,
  – Zuordnung zu einem Entsorgungs- oder Verwertungsweg.

Es sind auch andere Sortierkriterien für die Daten vorstellbar.

5.3.2 Datennutzung

Neben der reinen Verwaltung der Daten und der Ausgabe von festgelegten Formularen ist es sinnvoll, Auswertungen, die das Programm leisten soll, zu definieren. Hierbei ist auf eine hohe Flexibilität bei gleichzeitiger Bedienerfreundlichkeit zu achten. Mögliche Verknüpfungen sind:

– sachlich:

  – Stoffgruppe (Gruppenschlüssel),
  – Stoffe (Abfallschlüssel, Reststoffschlüssel),
  – Verwertungs-, Entsorgungswege;

– zeitlich:

  – Zeitraum
    von . . . bis
    . . . bis
    von . . . bis heute
  – Zeitpunkt
    am . . .

– örtlich:

  – Werk,
  – Abteilung (Kostenstellen),
  – organisatorische Einheiten (z. B. mehrere Werke, mehrere Abteilungen)
  – gesamtes Unternehmen;

    – eine Mischung aus den oberen Punkten.

PC - Einsatz

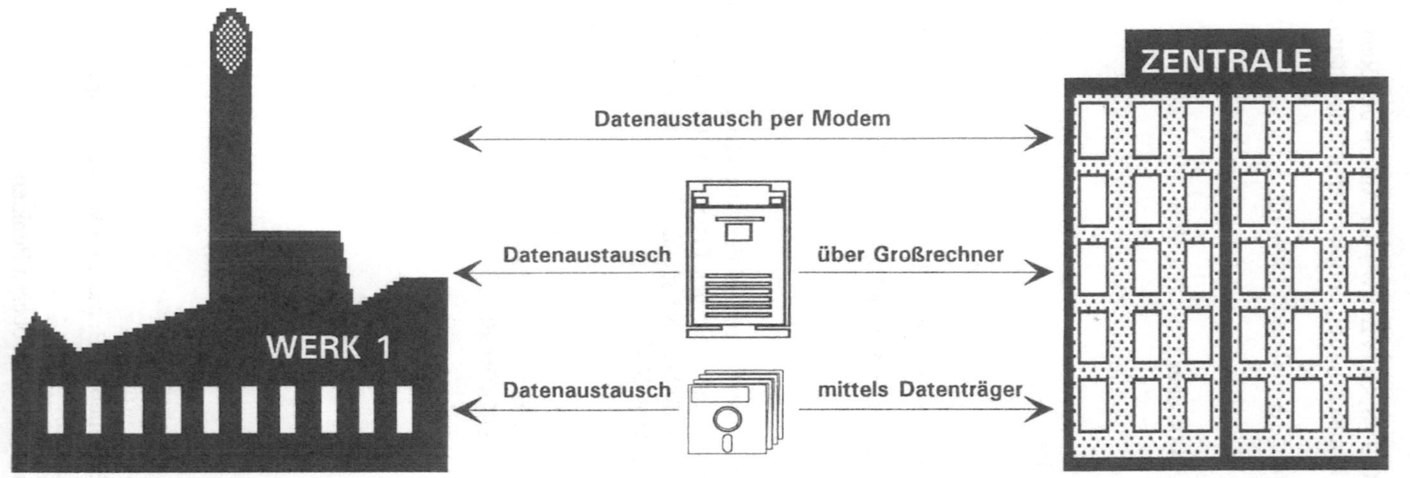

Abb. 9. Systemstruktur

5.4   Auswahl der Software

Beim Kauf von Software bestehen grundsätzlich die Möglichkeiten, auf Standard-Software zurückzugreifen oder eine spezielle Software, u. U. auf der Grundlage einer Standard-Software, entwickeln zu lassen. Bei der Entscheidung sind die unterschiedlichen Vor- und Nachteile zu berücksichtigen.

In jedem Fall ist ein Pflichtenheft erforderlich, das u. a. detaillierte Aussagen enthält über:

- Hardware,
- Betriebssystem,
- Benutzeroberfläche,
- Entwicklungs- und Anpassungsmöglichkeiten,
- Struktur der Daten und Dateien,
- Ein- und Ausgabe der Daten,
- Verwaltung der Daten,
- Schnittstellen (Import, Export),
- Datenschutz,
- Service durch den Anbieter der Software,
- Dokumentation des Programms.

5.4.1   Kauf einer Standardsoftware

Für das Thema geeignete Standardsoftware ist auf dem Markt verfügbar.

Vorteile:

- kein eigener Weiterentwicklungsaufwand,
- relativ kostengünstig,
- schnelle Verfügbarkeit,
- erprobtes Produkt.

Nachteile:

- nicht an besondere Unternehmensstruktur angepaßt,
- fehlende Funktionen bzw. Ballast durch zu weitgehende Funktionen.

5.4.2   Kauf einer auf das Unternehmen zugeschnittenen Software

Bei der Vergabe des Software-Auftrages ist möglichst ein Unternehmen auszuwählen, das schon Erfahrung mit dieser Art von Software hat. Hierdurch ist eine ergänzende fachkundige Beratung gegeben, und es lassen sich häufig die Realisierungszeiten verkürzen. Oftmals steht auch eine Standard-Software als Basis für die Weiterentwicklung zur Verfügung. Dies kann so weit gehen, daß Programmteile vollständig übernommen und zusätzliche Funktionen in das Programm eingebunden werden.

Vorteil:

- genau auf die Unternehmensstruktur angepaßt,
- der Funktionsumfang ist bedarfsgerecht.

Nachteil:

- hohe Kosten,
- hoher interner Personalaufwand für Pflichtenheft und Betreuung der Entwicklung,
- Weiterentwicklung muß initiiert werden (Fortschreibung des Pflichtenheftes),
- relativ hohe Fehlerhäufigkeit in der Anlaufphase.

5.5   Kontinuierlicher Aufwand

Mit dem Programmeinsatz sind neben der täglichen Nutzung auch Pflegeaufgaben verbunden. Diese sind an geeignete Personen, z. B. an den Systembetreuer, zu übertragen. Im einzelnen sind dies u. a.:

- laufende Aktualisierung des Datenstammes,
- Überwachung der Reststoff- und Abfallströme,
- Erfassung neuer und Streichung alter Anfallstellen,
- regelmäßige Sicherung der Daten,
- regelmäßige Überprüfung des Funktionsumfanges des Programms auf notwendige und sinnvolle Erweiterungen,
- Anpassung an neue gesetzliche Vorgaben,
- Schulung und Weiterbildung aller Benutzer.

Mit der Koordination dieser Aufgaben ist der Systembetreuer zu betrauen.

5.6   Kosten-Nutzen-, Aufwand-Nutzen-Analyse

Vor einer entgültigen Entscheidung für den EDV-Einsatz bei der betrieblichen Abfall- und Reststoffverwaltung ist zu prüfen, ob Aufwand (finanziell und personell) und Nutzen in einem angemessenen Verhältnis zueinander stehen. Diese Frage ist für größere Unternehmen in der Regel bei einer entsprechenden Vorbereitungsphase positiv zu beantworten. Je kleiner das Unternehmen wird und je weniger Reststoffe nach Art und Menge anfallen, um so kritischer ist die Frage nach dem objektiven Nutzen eines EDV-Systems für das betriebliche Abfall- und Reststoffwesen zu stellen. In jedem Fall ist darauf zu achten, daß die EDV ein Hilfsmittel und kein Datengrab wird.

Abfall-/ Reststoff-Stammdatenblatt   Seite: 1
A 544 02   vom: 22.10.93
Bohr- + Schleifemulsionen + Gemisch   Status: Aktiv
Altemulsionen Produktion   Gültig ab: 93/02-01
Bohr- und Schleifemulsionen und Emulsionsgemische

Stoff-Daten

ESN-Nr.	: 000025 gültig bis 28.02.94	Int. A/R-Nr.	:54402.1
Konsistenz	: 5 flüssig	Entstehung	:Bearbeitung von FE-Metallen
GGVS/GGVE...	: Klasse = /Ziffer=	Gefahrzettel	:
Kennz. Trsp....	: UN-Nr. = /Kemmler-Zahl=	U.-Merkblatt	:
G-Sym.Umgang:		Aballfgruppe	:05 Altöle
		WGK	:
		VBF-Klasse	:
Abfall enth.	: Hydraulik-/Schmieröl		
Entsor.wege.	: chemisch-physikalische Behandl		
Verpack.Code	: - ohne	Nachweisbuch	: Ordner 9
Transportart	: 02 Saugwagen LKW	Verlader	:Abt. Versand/Lager

Erzeuger

Erzeuger-Nr.	: E1130602A Kurzname : VDO	Labor-Nr.	:001
Name	: VDO Schindling AG	Name	:TESTLABOR GmbH
Anschrift	: Dieselstraße 6-20	Anschrift	:Behringstr. 120
	61184 Karben		22763 Hamburg
Sachbearb.	: Herr Kalenberg	Sachbearb.	: Frau Rühr
Telefon	: 06039/98-1450	Telefon	:069/1246890
Deklarierer	: D 9828282 Kurzname : KS AG		
Sachbearb.	: Herr Franz		
Telefon	:		

Entsorger/Beförderer

Entsorger...	: E9119526	Beförderer..	:E1138992
Name	: Krupp Stahl AG	Name	: Fritz Collong
	Werk Bochum		
Anschrift	: Essener Str. 200	Anschrift	:Niederstr. 15 a/b
	4630 Bochum		4300 Essen
Sachbearb.	: Herr Busch	Sachbearb.	: Frau Collong
Telefon	: 0234/919-4346	Telefon	:313244
Auftrags-Nr.	: 201690-8210 Datum: 06.02.90	Genehmigung	:C 456 vom 31.10.88
Einv.Erklär.	: . .	Ausnahme-Nr.	: vom . .
		Auftrags.Nr.	:V876 gültig bis 01.01.94

Abb. 10. Abfall-/Reststoff-Stammdatenblatt, Seite 1

6   Auswertungsbeispiele

Im weiteren Verlauf werden diverse EDV-Systeme vorgestellt werden. Daher
möchte ich mich auf die schematische Vorstellung einiger praxisgerechter Ausdrucke beschränken. Dies sind:

Abfall-/ Reststoff-Stammdatenblatt	Seite: 2
A 544 02	vom: 22.10.93
Bohr- + Schleifemulsionen + Gemisch	Status: Aktiv
Altemulsionen Produktion	Gültig ab: 93/02-01
Bohr- und Schleifemulsionen und Emulsionsgemische	

Planung

Planmengen und Plankosten:

Geschätzte Menge	:	250.000 t		
		250.000 cbm	Faktor cbm/t :	1.000
Anzahl Abholung/Jahr	:	26		
Beförd-Kosten/Abholung	:	255.00 DM	Summe Beförd. :	6630.00 DM
Angebot Beförd.-Kosten	:	01.01.92		
Ents./Verw.Kosten je t	:	87.50 DM	Summe Ents. :	21875.00 DM
Angebot Entsorgung	:	. .		
Miete gesamt	:	0.00 DM		
Abgaben gesamt	:	30000.00 DM		
Sonst. gesamt	:	0.00 DM	Zusatzkost. :	30000.00 DM
			Gesamtkosten :	58505.00 DM (Plankosten)

Anfallstellen

Verursacher Kostenstellen:

Kostenstelle		Anteil	Sammelplatz	Sammelbehälter	Sachbearb.	Tel.
131	Instandhaltu	5 %	Emulsionsgrube Werk	Erdtank		
300	Produktion I	50 %	Emulsionsgrube	Erdtank	Herr Weber	546
301	Produktion I	25%	Emulsionsgrube Werk	Erdtank		
500	Werkzeugbau	10 %	Emulsionsgrube Werk	Erdtank		
631	Technik	10 %	Emulsionsgrube Werk	Erdtank		

Vermerke für Begleitschein:
Wassergefährdender Abfall

Sonstige Vermerke:

Notizen:
keine

Abb. 11. Abfall-/Reststoff-Stammdatenblatt, Seite 2

- Abfall- und Reststoffstammblatt inkl. der geplanten Mengen und Kosten des Jahres (Abb. 10 und 11),
- Verursacherliste mit den Ist-Kosten (Abb. 12)
- Ist-Kosten je Abfall/Reststoff (Abb. 13),
- Liste der Begleitscheine ohne Rücklauf (Abb. 14),
- Erweiterte Abfallbilanz (Abb. 15).

Die Liste der Ausdrucke und Auswertungen läßt sich beliebig ausdehnen, soweit die Daten im System abgelegt sind. Neben dieser Listung ist es auch möglich, Daten in andere Programme zu exportieren, die ihrerseits übersichtliche Graphiken erzeugen.

AR422000   Verursacherliste Ist-Kosten   22.10.1993
G.U.B. mbh   Testwerk Karben   Seite 1

Gültig ab	Bezeichnung	IST Gesamtkosten in DM	Kostenstellenanteil in %	in DM	Menge cbm Menge t	PLAN Gesamtkosten in DM	Menge cbm Menge t
A-/R-Nr:	**A 351 05**						
92/01-01	Eisenmetallbehältnisse entleert	7390.00	75 %	5542.50	35.500	7400.00	40.000
	Metallgebinde				10.500		10.00
Summe:				5542.50			
A-R-Nr:	**A 544 02**						
92/02-01	Bohr- + Schleifemulsionen + Gemisch	5151.25	50 %	2575.63	0.000	58505.00	250.000
	Altemulsionen Produktion				42.300		250.000
92/02-02	Bohr- + Schleifemulsionen + Gemisch	3616.25	50 %	1808.13	0.000	17215.00	50.000
	Altemulsionen Halle 11				15.500		50.000
92/02-03	Bohr- + Schleifemulsionen + Gemisch	0.00	100 %	0.00	0.000	2585.00	10.000
	Emulsionen (Direktabholung)				0.000		10.000
Summe:				4383.76			
Summe für Kostenstelle 300:				9926.26			

Abb. 12. Aufstellung "Verursacher Ist-Kosten"

AR422000   Kosten je Abfall/Reststoff   22.10.1993
G.U.B. mbh   Testwerk Karben   Seite 1
                          vom 01.01.1993 bis zum 30.09.1993

A/R-Nr.	Menge cbm	Menge t	Beförderer	Entsorger	Zusatzko.	Miete	Gesamt
351 01	Eisenmetallbehältnisse entleert						
	35.500	10.500	700.00	6300.00	50.00	340.00	7390.00
544 02	Bohr- + Schleifemulsionen + Gemisch						
	0.000	57.800	1995.00	6572.50	200.00	0.00	8767.50
172 01	Holzemballagen, Holzabfälle						
	40.000	8.600	690.00	2580.00	100.00	0.00	3370.00
Summe Werk							19527.50
Gesamtsumme aller Werke							19527.50

Abb. 13. Aufstellung "Kosten je Abfall/Reststoff"

```
AR432000                    Begleitscheine ohne Rücklaufschein              22.10.1993
G.U.B. mbh                                                                   Seite 1
```

Begleitschein	Übergabe	A-/R-Nr.	Beförderer	Entsorger
1240/8888814	25.04.93	A 351 05	Edelhoff	Krupp Stahl AG
1240/9883732	01.08.93	A 544 02	Fritz Collong	Krupp Stahl AG
1240/8827721	10.08.93	A 544 02	KARO- A5	Krupp Stahl AG

Abb. 14. Liste "Begleitscheine ohne Rücklauf"

```
AR422000                    Erweiterte Abfallbilanz                         22.10.1993
G.U.B. mbh                      Testwerk Karben                             Seite 1
                    Transportdatum von: 01.01.93 bis 30.09.93
```

A/R-Nr.	Abfallbezeichnung	Abfälle	Reststoffe	EW	Angaben zur Verwertung
172 01	Holzemballagen, Holzabfälle	0.000 t	8.600 t	REC	Recycling
351 05	Eisenmetallbehältnisse entleert	10.500 t	0.000 t	REC	Recycling
544 02	Bohr- + Schleifemulsionen + Gemisch	42.300 t	0.000 t	CPB	chemisch-physikalische Behandl.
544 02	Bohr- + Schleifemulsionen + Gemisch	15.500 t	0.000 t	SAV	Sonderabfallverbrennung
Summe:		68.300 t	8.600 t	=>	76.00 T GESAMT

Abb. 15. Übersicht "Erweiterte Abfallbilanz"

Abfallwirtschaftkonzept und Dokumentation in der betrieblichen Abfall- und Rückstandswirtschaft

Stephan Pawlytsch

Zur Annäherung an das Thema betrachten wir zunächst die Hauptbegriffe im Titel.
Dokumentation [lat.]: Zusammenstellung, Ordnung und Nutzbarmachung von Dokumenten ([lat.] Urkunden, Schriftstücke, Beweismittel) jeder Art;
betrieblich: hierunter kann man die folgenden Stichpunkte subsumieren:

- aus der Sicht des Abfallerzeugers und
- die praktische Umsetzung im Betrieb.

Abfall- und Rückstandswirtschaft

Diese Begriffe zielen eindeutig auf das derzeit noch in der Entwurfs-/Abstimmungsphase befindliche Gesetz zur Förderung einer abfallarmen Kreislaufwirtschaft und Sicherung der umweltverträglichen Entsorgung von Abfällen (Kreislaufwirtschafts- und Abfallgesetz – KrW-/AbfG).

Es stellt sich uns damit die Frage:

Was wird für wen zusammengestellt, geordnet und nutzbar gemacht bzw. was **muß** für wen zusammengestellt, geordnet und nutzbar gemacht werden ?
Es ist also zu bestimmen:

- Welche Dokumente/Dokumentationen werden erstellt?
- Für wen werden sie nutzbar gemacht?
- Was ist Pflicht?
- Was ist Kür?

Das ganze ist im Umfeld der "betrieblichen Abfall- und Rückstandswirtschaft" zu betrachten.

Die Komplexität sieht man sehr schnell, betrachtet man einige Einflußgrößen, die hier eine Rolle spielen:

- AbfG bzw. KrW-/AbfG,
- GGVS/GGVE/ADR/RID,
- ASi,
- WHG.

Dabei fällt sofort auf, daß diese Gesetze und die damit verbundenen Verordnungen und Richtlinien nicht harmonisiert sind. Dies kann und wird im Einzelfall bedeuten, daß man bei einer Fragestellung verschiedene Antworten aus den einzelnen Bereichen erhält.

Für die Praxis kann man die Schwerpunkte der Dokumentationen folgendermaßen aufgliedern:

Bereich	Begleitend	Jährlich	Alle x Jahre	Prüfen, berücksichtigen
AbfG, KrW-/AbfG	Begleitschein, Übernahmeschein	Jahresstatistik (Landesabfallabgabe)	EVN, vereinf. EVN, Betrieblicher Abfallwirtschaftsplan	Transportgenehmigung, Sammel-EVN
GGVS GGVE ADR/RID	Beförderungspapier	Jahresbericht	ADR-Genehmigung	Unfallmerkblatt, *EG-Sicherheitsdatenblatt, *DIN-Sicherheitsdatenblatt bei Transport (*= ins Ausland)
ASi				Betriebsanweisungen

Verpflichtende Dokumentation (Nachweisführung) für

- besonders überwachungsbedürftige Abfälle und Reststoffe,
- Stoffe, für die von der zuständigen Behörde die Nachweisführung vorgeschrieben wurde,

und mit dem KrW-/AbfG (Rückstände) für

- besonders überwachungsbedürftige Abfälle,
- überwachungsbedürftige Abfälle,
- besonders überwachungsbedürftige Sekundärrohstoffe,
- überwachungsbedürftige Sekundärrohstoffe.

Da das Krw-/AbfG den Abfallbegriff neu definiert, werden alle Abfälle der Nachweisführung unterliegen. Es wird jedoch noch Sekundärrohstoffe geben, die nicht der Nachweisführung unterliegen werden. Gleichzeitig muß man als Unternehmen natürlich auch die Frage stellen: Wenn schon eine Nachweisführung notwendig ist, wie kann diese auch in einer Form erfolgen, in der sie für den Betrieb auch intern von Nutzen ist?

Damit kommt man zu den Fragen:
Wie ist eine Dokumentation in der betrieblichen Abfall- und Rückstandswirtschaft zu strukturieren? Wie ist sie in der Praxis durchzuführen?

Das AbfG und das KrW-/AbfG schreibt zunächst die Nachweisführung vor über

- Art,
- Menge,
- Verbleib,

und im KrW-/AbfG werden zusätzlich Aussagen für den betrieblichen Abfallwirtschaftsplan gefordert, wie z. B.:

- Darstellung der Maßnahmen zur Vermeidung sowie Entsorgung von Abfällen,
- Begründung der Notwendigkeit der Abfallentsorgung, insbesondere Angaben zur mangelnden Verwertbarkeit,
- Darlegung der vorgesehenen Entsorgungswege für die nächsten 5 Jahre.

Um das ganze etwas griffiger zu gestalten, kann man die klassischen Fragestellungen heranziehen:

- Wann wurde
- was (Art)
- wieviel (Menge)
- warum (betrieblicher Abfallwirtschaftsplan)
- woher (Anfallort des Rückstandes)
- wie
- womit
- wohin (Verbleib/Endentsorgung)
- von wem (Transporteur und Zwischenschritte zur Endentsorgung) verbracht,
- und was hat es gekostet? (Frage des Unternehmers)

Zunächst die Pflicht:
Welche Dokumentationen/Nachweise sind zu führen, und
welche Informationsquellen stehen hierfür zur Verfügung?

Fragt man bei der "Pflichtdokumentation" nach der "Nutzbarmachung", ist hier in erster Näherung die zuständige Behörde zu nennen.

Da es nach dem KrW-/AbfG noch keine klaren Vorgaben gibt, aber inhaltlich etwa dieselben Formulierungen wie im AbfG verwendet wurden, gehen wir zunächst von den uns bekannten "Papierformen" aus und rollen das Ganze von hinten auf.

Basisdokumentationen
Begleitschein und Übernahmeschein/Nachweisbuch
Sobald ein nachweispflichtiger Stoff entsorgt wird, ist dafür

- ein Begleitschein oder
- ein Übernahmeschein (bei einer Sammelentsorgung)

zu erstellen.

Unabhängig davon, ob Sie den Schein selbst erstellen oder der Transporteur/
Entsorger diesen mitbringt, steht Ihnen das Original in Ihren Unterlagen (Nachweis-
buch) zur Verfügung. Egal welchen Formularhersteller Sie gewählt haben bzw. in
welchem Bundesland Sie Erzeuger sind, der Begleitschein enthält immer dieselben
Grundinformationen.

Das sind zwar viele Informationen, die Sie für die jährliche Nachweisführung
benötigen, aber eben nicht alle, und das KrW-/AbfG erfordert zusätzliche Angaben
(s. oben), zumindest im betrieblichen Abfallwirtschaftsplan.

Beim Übernahmeschein ist die Ausbeute an Informationen noch etwas schlechter,
da hier nur der Beförderer als "Pseudoentsorgungsstelle" aufgeführt ist.

Bei Diskussionen in Norddeutschland haben sich Behördenvertreter schon dahingehend geäußert, daß der Entsorgungspfad bis hin zur Endentsorgungsstelle
dargestellt werden sollte.

Man beachte das "sollte" in diesem Zusammenhang, denn im Gesetzentwurf steht
(§ 40 KrW-/AbfG): "Die Entscheidung über Art, Umfang und Inhalt des geforderten Nachweises steht im pflichtgemäßen Ermessen der zuständigen Behörde."

Entsorgungs-/Verwertungsnachweis (EVN)
Die Vorstufe des Begleitscheins bzw. des Übernahmescheins ist ein EVN bzw. ein
Sammel-EVN. Hieraus können Sie noch ergänzende Informationen für die jährliche
Nachweisführung entnehmen.

Nachweisführung für Rückstände bezogen auf die Anfallstelle(n)
Betrachtet man den Gesetzentwurf etwas genauer, so stellt man fest, daß die Neu-
definition der Begriffe (Rückstand, Sekundärrohstoff, Abfall) auch Auswirkungen
auf die Dokumentation hat.

Betrachtet man die Begriffsbestimmung (§ 3 KrW-/AbfG), die Anforderungen an
die Abfallentsorgung (§ 16 KrW-/AbfG), das Nachweisverfahren (§ 40 KrWG/
AbfG) und Aufgaben des Rückstandsbeauftragten (§ 49 KrW-/AbfG) und die ent-
sprechenden Kommentare im Anhang des Entwurfes, so wird eine "bewegliche
Sache" bereits an der Anlage/Produktionstelle zu einem Rückstand. Und in "gut
unterrichteten Kreisen" hält sich hartnäckig die Interpretation, daß damit eine
Dokumentation im Sinne des KrW-/AbfG bereits ab der Anfallstelle erfolgen muß.
Dies bedeutet, daß damit ein Nachweis über *innerbetriebliche Stoffströme* für
Rückstände geführt werden muß.

Betrieblicher Abfallwirtschaftsplan (vgl. § 17 KrW-/AbfG)

Die Unterlagen haben zu enthalten:

1. Angaben über Art, Menge und Verbleib der besonders überwachungsbedürftigen Rückstände, überwachungsbedürftigen Sekundärrohstoffe sowie
   der Abfälle,
2. Darstellung der Maßnahmen zur Vermeidung sowie Entsorgung von Abfällen,
3. Begründung der Notwendigkeit der Abfallentsorgung, insbesondere Angaben
   zur mangelnden Verwertbarkeit aus den in § 4 Abs. 4 genannten Gründen,
4. Darlegung der vorgesehenen Entsorgungswege für die nächsten 5 Jahre
   + einschließlich Angaben zur notwendigen Standort- und Anlagenplanung
   sowie ihrer zeitlichen Abfolge,
5. gesonderte Darstellung des Verbleibs der unter Nr. 1 genannten Rückstände
   bei Verwertung oder Entsorgung außerhalb der Bundesrepublik Deutschland.

Nun kann man einwenden, daß diese Unterlagen "erstmalig zum Ende des auf die
Verkündung des Gesetzes folgenden fünften Kalenderjahres für die nächsten fünf
Jahre zu erstellen sind" aber es steht dort auch: "Abweichend von Satz 1 kann die
zuständige Behörde die Vorlage zu einem früheren Zeitpunkt verlangen."

Abgeleitete Dokumentation(en)

Aus den oben aufgeführten Nachweisführungen sind gemäß der entsprechenden
Verordnung(en) Zusammenfassungen und Statistiken zu erstellen und bei den zuständigen Behörden einzureichen.

Jahresberichte und Jahresstatistiken
Jährlich wiederkehrend sind aus den Basisdokumentationen Berichte und Statistiken
abzuleiten, die Aussagen über Art, Menge und Verbleib der nachweispflichtigen
Rückstände im entsprechenden Jahr enthalten müssen. Insbesondere sind die Inhalte
der Begleitscheine und Übernahmescheine entsprechend aufzubereiten.

In der Regel sind dies Übersichtslisten der angefallenen Rückstände (die nachweis-
pflichtig sind)

- untergliedert nach einzelnen Rubriken (z. B. besonders überwachungsbedürftiger Abfall etc.),
- sortiert nach Schlüsselnummer gemäß Katalog,
- mit Angabe der Stoffbezeichnung gemäß Katalog,
- mit Angabe der Gesamtmenge des Berichtsjahres,
- mit Angabe der Anfallstelle(n),
- mit Angabe der Verbringung (Endentsorgung).

Dies sind allerdings nur Anhaltspunkte unter den derzeitigen Rahmenbedingungen,
denn "die Entscheidung über Art, Umfang und Inhalt des geforderten Nachweises
steht im pflichtgemäßen Ermessen der zuständigen Behörde".

Landesabfallabgabe
In einzelnen Bundesländern (z. B. Baden-Württemberg) ist zusätzlich noch die
Erklärung (und Bezahlung) gemäß Landesabfallabgabengesetz vorzunehmen.

Hierzu ist pro Abfallkategorie eine Liste der entsorgten Stoffe zu erstellen und
pro angefangene Tonne der Preis der entsprechenden Abfallkategorie zu entrichten.
Diese Liste enthält, getrennt nach Abfallkategorien (1, 2, 3)

- Schlüsselnummer gemäß Katalog,
- Stoffbezeichnung gemäß Katalog,
- Angabe der Gesamtmenge pro Schlüsselnummer für das Berichtsjahr,
- Gesamtmenge aller Stoffe der Abfallkategorie.

Dies ist, wie bereits oben erwähnt, noch nicht in allen Bundesländern vorgeschrieben, allerdings wird bereits auf Bundesebene lautstark über die Einführung einer
"Bundes-Abfallabgabe" nachgedacht.

Nach der Pflicht die Kür:
Betrachtet man den Aufwand, den man für die Pflichtdokumentation betreiben muß,
taucht unwillkürlich die Frage nach der Nutzbarkeit für das Unternehmen auf und
damit die Frage nach einer

Erweiterung der Pflichtdokumentation zu einem Managementwerkzeug
Professionelle Abfallwirtschaft und Entsorgungslogistik
Eigentlich sollten die Zeiten vorbei sein, da der Haus- und Hofmeister mal eben
dafür sorgt, daß der lästige "MÜLL" vom Hof kommt!

Seit die neuen Verwaltungsvorschriften und Verordnungen zum Abfallgesetz ab
1990 verstärkt die Industriebetriebe mit einer Flut von gesetzlichen Vorschriften
zur Vermeidung, Verminderung und Entsorgung von Abfällen konfrontieren, müßte
sich hier etwas geändert haben.

"Neue" Personen und Aufgabenbereiche kamen ins Spiel, wie z. B. der Betriebsbeauftragte für Abfall. In vielen Fällen hat sich aber, objektiv betrachtet, im Unternehmen nicht viel geändert. Durch die umfangreiche Bürokratie im Abfallbereich ist
der *Abfallbeauftragte* meist vollständig mit der reinen *Abfallverwaltung* beschäftigt
und hat kaum Zeit, sich seinen eigentlichen Aufgaben zu widmen.

Er tut damit aber eigentlich auch nicht mehr, als dafür zu sorgen, daß der
"Abfall" vom Hof kommt. Die Schaffung eines "Rückstandsbeauftragten" allein
wird daran auch nichts ändern.

Spätestens seit den Pressemeldungen über Entsorgungsengpässe im Abfallbereich
und dem erklärten "Müllnotstand" dürfte jedem klar sein, daß das Wirtschaften mit
Abfällen, Reststoffen, Wertstoffen und bald auch mit Rückständen und
Sekundärrohstoffen heute bei der unternehmerischen Produkt- und Produktions-
planung einen ebenso hohen Stellenwert besitzt wie die stoffliche Versorgung eines

Betriebes. Die Entsorgungslogistik hat inzwischen neben der Versorgungslogistik einen mindestens ebenbürtigen Platz erhalten. Selbst kleinste Planungsfehler bei der Entsorgung können jegliche Kostenkalkulation in der Produktion zunichte machen und ganze Produktionsabläufe stillegen.

Ob groß oder klein, es kann sich heute kein Unternehmen mehr erlauben, seine Abfallwirtschaft und Entsorgungslogistik dem Zufall zu überlassen. Aber genau das tun viele, indem sie erst etwas unternehmen, wenn es bereits klemmt.

Da stellt sich doch von selbst die Frage: Was ist zu tun? Wie ist dieser Unternehmensbereich wirkungsvoll und vor allem auch wirtschaftlich in den Griff zu bekommen?

Die Antwort heißt "*agieren statt reagieren*". Denn wer ständig nur reagiert, d. h. den Anforderungen der Gesetzgebung hinterherläuft und wartet, bis Engpässe entstehen, verliert schnell – nicht nur den Anschluß. Agieren heißt aktiv werden, voraus zu sein und mit der Entwicklung Schritt zu halten, weg von der reinen Abfallverwaltung hin zu einem *offensiven Abfallmanagement* mit einem effektiven und professionellen *Abfallwirtschaftskonzept mit Verminderungs- und Vermeidungsstrategien* im Mittelpunkt des unternehmerischen Interesses. Eine klare Organisation und Strukturierung der Dokumentation ist bereits die erste Stufe dazu.

Zur Realisierung eines solchen Abfallwirtschaftskonzeptes ist in erster Linie die Organisation der Werksentsorgung im Detail zu bestimmen. Es sind die einzelnen Stoffströme im Unternehmen festzustellen und geeignete Lager- und Behälterkonzepte zu entwerfen. Nur eine genaue Organisationsplanung schafft die Grundlage, um Abfall beweisbar zu vermeiden oder zu vermindern. Wie schon oben erwähnt, sind dies zum Teil Vorgaben und Ideen, die im KrW-/AbfG formuliert sind.

Eine Realisierung zu 100% ist jedoch nur mit EDV-Unterstützung möglich, da der Abfallbeauftragte bzw. der Rückstandsbeauftragte sonst im Formalismus stecken bleibt und keine Zeit findet, sich mit der Analyse seiner Betriebsinformationen auseinanderzusetzen. Nur wer den Überblick hat und den aktuellen Stand seiner Abfallwirtschaft kennt, hat die Zügel fest in der Hand und kann die richtigen Entscheidungen treffen.

Eine *Expertensoftware für die Abfallwirtschaft* ist hier die notwendige zentrale *Hilfestellung* für den Abfallbeauftragten. Eine solche PC-Software schafft die Freiräume für den Betriebsbeauftragten, da der gesamte Formalismus in der Abfallwirtschaft (Entsorgungs- und Verwertungsnachweise, Begleitscheine, Nachweisbuch, GGVS usw.) ohne Zusatzmaßnahmen und mit geringstem Zeitaufwand bearbeitet werden kann, und er ebenso die daraus abgeleiteten Berichte und Statistiken automatisch erhält.

Warum Expertensoftware?

Unter dem Begriff "Expertensoftware" versteht man modular aufgebaute EDV-Programme, in denen das *Wissen von Experten* in einer Organisations- und Sachstruktur abgebildet ist, die der jeweiligen Aufgabenstellung optimal gerecht wird.

Viele Experten bringen ihr praktisches und theoretisches Wissen in Form von Abwicklungssystemen ein, um daraus eine sachbezogene *Ablaufstruktur* zu schaffen. Jetzt muß der Fachmann vor Ort nur noch seine unternehmens- und stoffspezifischen Daten einmalig in das System einbringen, und die Expertensoftware ist für den Einsatz bereit.

Vom Programm wird vom Anwender anschließend bei seiner täglichen Arbeit *systematisch* geführt. *Sachbezogene Vorgänge* führt er wie unter der Anleitung eines Experten sicher aus. Benötigte Informationen und Eintragungen werden ihm an der richtigen Stelle angeboten, und *Fehler* werden durch interne Verknüpfungen und Verriegelungen *vermieden*.

Am Beispiel von PRODOK-A, der Expertensoftware für die Abfallwirtschaft aus dem Hause admintec, läßt sich zeigen, wie ein solches System aufgebaut ist und in der Praxis funktioniert.

Das Stoffdatenblatt

Das Kernstück dieses Systems bildet eine Datenbank mit Stoffdatenblättern. Dort werden jeweils die zu einem *einzelnen Stoff* gehörenden betriebsspezifischen *Informationen* erfaßt und so verknüpft, daß sie beispielsweise zur vollständigen und *sachlich richtigen Erstellung* von Begleitscheinen und Entsorgungs-/Verwertungsnachweisen verwendet werden können. Entsorgungs- und Verwertungswege können festgelegt und dokumentiert werden, und auch *ergänzende Informationen* zu Sicherheitstechnik, Chemie, Erste Hilfe, usw. finden ihren Platz (vgl. Betriebsanweisungen etc.).

Im Stoffdatenblatt werden alle Klassifizierungsmerkmale eines betriebsspezifischen Stoffes zusammengeführt, wenn sie zur Abwicklung des vorgeschriebenen Formalismus benötigt werden.

Ist beispielsweise ein besonders überwachungsbedürftiger Abfallstoff zugleich auch Gefahrgut, so erfolgt eine Klassifizierung nach TA Abfall und GGVS. Hilfreich ist hier der Zugriff auf bereits vorhande Stoffkataloge der TA Abfall und des Anhangs der GGVS.

Durch die Zusammenführung der Informationen an einer Stelle werden alle Eintragungen nur einmal im System geführt, klar strukturiert und übersichtlich dokumentiert.

Redundanzen werden unterbunden und spätere Übertragungs- und Übermittlungsfehler damit absolut ausgeschlossen. So bildet das Stoffdatenblatt die Basis für Sicherheit und Effizienz der betrieblichen Abfallwirtschaft und damit auch der Dokumentation.

Ein besonders wichtiger Punkt ist der in PRODOK-A sehr weit gefaßte *Stoffbegriff* und die damit verknüpften *Steuerungsmöglickeiten*. Damit können Vorgänge, die besonders überwachungsbedürftigen Abfall und Rückstände betreffen, und Vorgänge, die Hausmüll, hausmüllähnliche Gewerbeabfälle, Wertstoffe, Sekundärrohstoffe usw. betreffen, über das System gleichermaßen praxisgerecht abgewickelt werden. Das ist von entscheidender Bedeutung, da nur auf diese Weise eine *vollständige Analyse und Dokumentation der betrieblichen Abläufe und Stoffströme* auf der Produktionsseite erfolgen kann. Nur so lassen sich die Auswirkungen von Maßnahmen und eventuelle Verlagerungen von Stoffströmen in andere Bereiche aufspüren, nachweisen und gegebenenfalls korrigieren.

Da die Eintragungen im Stoffdatenblatt letztendlich die korrekten Abwicklungsformalien festlegen und den inhaltlichen Hintergrund aller Ausgabefunktionen darstellen, wird durch eine wirkungsvolle Zugriffsberechtigung über Kennworte die unberechtigte Änderung ausgeschlossen. Damit lassen sich *Verantwortungsbereiche* abgrenzen, ohne die notwendigen *Freiheitsgrade* in den Tagesgeschäften zu beeinträchtigen. Ein Abfallbeauftragter bzw. ein Rückstandsbeauftragter kann so beruhigt die *Routinetätigkeiten delegieren*. Das System stellt für ihn sicher, daß die von ihm vorgegebenen Verfahrensweisen eingehalten werden. Änderungen in der Verfahrensweise, beispielsweise das Sperren von Beförderungs- oder Entsorgungswegen, werden sofort nach ihrer Hinterlegung im System umgesetzt.

Sind die Informationen einmal im Stoffdatenblatt erfaßt, können sie in den verschiedenen Bereichen des Systems genutzt werden. Handelt es sich beispielsweise um einen besonders überwachungsbedürftigen Abfallstoff, so kann über das Stoffdatenblatt der Entsorgungs- und Verwertungsnachweis erstellt werden. Der Eindruck der Daten erfolgt paßgerecht in die vorgegebenen Formulare. Ebenso können jetzt die für die Entsorgung vorgeschriebenen Begleitscheine erstellt werden, die bei Gefahrgut auch die notwendigen *GGVS*-Angaben enthalten.

Alle mit dem System erstellten Begleitscheine werden automatisch in das integrierte Nachweisbuch eingetragen und unterliegen dann der im System integrierten Terminverfolgung und Überwachung mit Fristenmeldung. Fremderstellte Begleitscheine können jederzeit nachgetragen werden und unterliegen dann der gleichen Überwachung.

Aufgrund des optimierten Aufbaus lassen sich Begleitscheine mit minimalem Aufwand erstellen. Es wird lediglich ein Stoff aus der Datenbank ausgewählt und die korrekte Stoffmenge eingegeben. Den Rest erledigt das Expertenprogramm vollautomatisch.

Sofern das System mit dem Modul für die *Kostendokumentation* (KODOK), ausgestattet ist, können die einzelnen Vorgänge auch den *verursachenden Kostenstellen* und einem Budget zugeordnet werden und mit Plan-/Ist-Kosten oder entsprechenden Erträgen bewertet werden. Dazu werden für einen Stoff entsprechende Plankosten oder -erträge (wichtig bei Wertstoffen) hinterlegt, aufgesplittet nach variablen, d. h. mengenabhängigen, und fixen, d. h. vorgangsabhängigen Kosten und Erträgen, wie beispielsweise Containermieten, Verwaltungsgebühren oder Vergleichbares. Danach erfolgt automatisch bei der Erstellung eines Begleitscheins (bzw. eines Lieferscheins bei Wertstoffen) die Buchung eines entsprechenden Betrages in die Kostenrechnung. Mit minimalem Aufwand kann so zu jedem Zeitpunkt für jede Kostenstelle die Summe der aufgelaufenen Kosten bzw. Erträge dem geplanten Budget gegenübergestellt werden.

Des weiteren läßt sich die komplette *Lagerverwaltung* in der Abfallwirtschaft unter Einhaltung und Durchsetzung der bestehenden gesetzlichen Bestimmungen bezüglich Zusammenlagerung mit einem entsprechenden Erweiterungsmodul (LADOK) einbinden. Mit frei gestaltbarer *Lagerarten-, Behältertypen- und Stoffgruppendefinition* und einer darauf abgestimmten Organisationsabwicklung ist eine integrierte Abarbeitung der Stoffflüsse von der *Entstehung* innerhalb des Unternehmens, beispielsweise an einer bestimmten Maschine, bis hin zur konkreten *Entsorgung* an der Stelle X möglich, mit automatischer lückenloser *Dokumentation*.

Beispiel: Bei der Reinigung einer Spritzanlage fallen 20 l Lackschlamm an. Diese Menge wird auf dem Betriebsgelände in den Sammelcontainer 3808 eingefüllt, in dem sich bereits Lackschlamm befindet. Sobald der Container voll ist, wird er mit zwei weiteren Containern gleichen Inhalts von einem Beförderer übernommen und ordnungsgemäß entsorgt. Der altgoldene Begleitschein kommt zurück. Es folgt die Abrechnung für die gesamte abgefahrene Menge. Mit minimalem Aufwand versetzt PRODOK-A den Anwender in die Lage, den Weg dieser Teilmenge von 20 l von der Anfallstelle bis zu der Entsorgung lückenlos darzustellen und die anteiligen, auf die zugeordnete Kostenstelle entfallenden Beträge zu ermitteln. Genauso ist es möglich, alle Quellen einer entsorgten Charge im einzelnen aufzuzeigen und nachzuweisen.

Der Reportgenerator bildet das Fundament für das Abfallmanagement.

Damit lassen sich erfaßte Daten individuell auswerten. Jeder Anwender bestimmt flexibel Form und Datenumfang seiner Auswertungen. Einmal festgelegt, können diese Auswertungen jederzeit wieder – mit den jeweils aktuellsten Werten – auf Knopfdruck abgerufen werden. Dies kann in Listenform erfolgen oder mittels Export der Daten an ein Standardgrafikprogramm, z. B. Quattro Pro, Harvard Graphics, Excel etc. auch durch Darstellung in Diagrammform. Der Reportgenerator liefert damit die notwendigen Daten für neue Strategien der Vermeidung und Verminderung im betrieblichen Abfallmanagement.

Mit einer Expertensoftware wie beispielsweise PRODOK-A wird die innerbetriebliche Abfallwirtschaft und das Abfallmanagement für das Unternehmen durchschaubar und deren Auswirkungen sichtbar gemacht. Maßnahmen werden kontrollierbar und können gegebenenfalls korrigiert werden.

Zusammenfassend kann man sagen, daß es wichtig ist, den Buchstaben der Gesetze und Verordnungen nicht nur zu folgen, sondern darüber hinaus die darin enthaltenen Ideen und Möglichkeiten zum eigenen Nutzen umzusetzen. Wer diesen Weg geht, wird das enorme "Kostenersparnispotential" im Bereich der Abfallwirtschaft heute und in der Zukunft erkennen und nutzen können. Dabei handelt es sich "lediglich" um die konsequente Weiterentwicklung der behördlich vorgeschriebenen Dokumentation unter besonderer Berücksichtigung der optimalen Nutzbarkeit für das Unternehmen.

Verschaffen Sie sich Klarheit und den Überblick über den aktuellen Stand ihrer eigenen Abfallwirtschaft und damit die Basis für die richtigen Entscheidungen. Die erste ist der Schritt zur professionellen Abfallwirtschaft!

Die EDV als Unterstützung von gezielten Abfallvermeidungsmaßnahmen am Beispiel des Werkes Hilden der 3M Deutschland GmbH

Jutta Sonntag

Einführung/Problemstellung

Die 3M Company hat 1990 weltweit ein neues Produktivitätsprogramm eingeführt, das als "Challenge '95" die Herausforderung stellt, bis 1995 vier Ziele zu erreichen:

1. Reduzierung der Durchlaufzeit um 50%,
2. Reduzierung der Herstellkosten um 10%,
3. Senkung des spezifischen Energieverbrauchs um 20%,
4. Reduzierung der Abfallmenge um 35%.

Etwa zur gleichen Zeit wurde im Werk Hilden eine umfangreiche Umorganisation durchgeführt. Die Fertigung nach dem Werkstättenprinzip wurde umstrukturiert in das Prinzip der produktorientierten Modulorganisation.

Vier "Fertigungsmodule" entstanden, wo vorher zwei "Werke", räumlich getrennt durch die Werkstraße, von Bedeutung waren. Die Faktoren Mensch, Maschine, Methoden und Material wurden den Modulen zugeordnet.

Durch diese Umstrukturierungen ergaben sich neue Probleme bei der Berichtung für das Programm Challenge '95. Niemanden interessieren mehr Gesamtergebnisse des Werkes Hilden. Jedes Modul möchte für seinen Verantwortungsbereich Zahlen und Ergebnisse zeigen.

Insbesondere das Ziel, die Abfallmenge um 35% zu senken, stellte die Berichtung vor bisher unlösbare Probleme. Die Abfallmengen waren nur für das gesamte Werk anhand der berechneten Mengen der Entsorger bekannt. Eine Aufteilung auf die Fertigungsmodule war nur durch grobe Ermittlung von Verteilerschlüsseln im Rahmen von Diplomarbeiten möglich. Damit war auch keine Möglichkeit gegeben, Verbesserungen einzelner Maschinen, Anlagen oder Module aufzuzeigen.

Hinzu kam der Erlaß des Landesabfallgesetzes Nordrhein-Westfalens, wo unter anderem der Nachweis über Abfallströme an der Linie entlang bis zum Verursacher erbracht werden muß.

Einführung von PRODOK-A

Hinsichtlich der komplexen Problemstellungen kam als Lösung nur die Einführung eines computerunterstützten Waste-Management-Systems in Frage. Es wurden folgende Auswahlkriterien formuliert:

- einfache Bedieneroberfläche,
- Verfolgbarkeit der Abfall- und Reststoffströme bis zum Verursacher,
- leicht anpaßbar an betriebsinterne Organisationsstrukturen,
- lauffähig auf vorhandem Netzwerk.

Nach Sichtung des Marktes erfüllte die Software PRODOK-A der Fa. admintec diese Kriterien. Das Grundsoftwarepaket wurde nach Absprache mit allen beteiligten Fachabteilungen den Wünschen des Werkes Hilden angepaßt.

PRODOK-A läuft auf vier PCs, die über das vorhandene DEC-Netz miteinander verbunden sind. Zwei "Master PCs" haben ihren festen Standort an Büroarbeitsplätzen, wo die gesamte Stammdatenpflege betrieben wird. Zwei weitere, mit eingeschränkten Bedienermöglichkeiten, stehen "vor Ort" in der Produktion, wo die Bewegungsdaten eingegeben werden können.

Das Ergebnis der Anpassungsmaßnahmen war ein neues Instrument innerhalb des Moduls "PRODOK", der sogenannte "Interne Begleitschein".

Interner Begleitschein

Der Interne Begleitschein gewann in der Anwendung im Werk Hilden eine so hohe Bedeutung, daß dafür ein zusätzlicher Menüpunkt eingeführt wurde. Auf dem Internen Begleitschein sind alle Daten festgehalten, die eine spätere Auswertung mit dem Reportgenerator nach jeder beliebigen Fragestellung ermöglicht.
Zum Beispiel:

- Wieviel Abfallentsorgungen in einem bestimmten Zeitraum sind für eine Maschine/eine Kostenstelle/ein Modul angefallen?
- Welche Mengen von einer Abfallart mußten entsorgt werden?
- Welche Behältertypen werden an einem Standort genutzt?

Ein Interner Begleitschein begleitet, wie der Name es schon ausdrückt, einen Abfallbehälter innerhalb des Werkes vom Zeitpunkt der leeren Bereitstellung bis zur Entleerung in einen Sammelbehälter bzw. bis zur Abholung durch einen Entsorger.

Jeder Abfallbehälter und jedes Transporthilfsmittel mit Abfall (z. B. Palette oder Karton) wird mit einem Schein gekennzeichnet und in PRODOK geführt.

Ablaufplan Interner Begleitschein

Wegen des hohen Bedarfs an Internen Begleitscheinen (ca. 100 Stück pro Tag) ist die Möglichkeit geschaffen worden, über eine Drucktabelle den täglichen Bedarf an einem "Master PC" über einen Laserdrucker erzeugen zu können. Darüber hinaus können an den PCs in der Produktion zusätzlich Scheine erzeugt werden, falls die zur Verfügung gestellte Menge nicht ausreichen sollte.

Die fertigen Scheine werden an den PRODOK-Stationen in der Produktion in nach Modulen und Maschinen angeordneten Sortierfächern zur Nutzung zur Verfügung gestellt. Dort werden die Scheine von den Maschinenbedienern abgeholt und an den leeren Abfallbehältern befestigt.

Nach der Befüllung wird der innerbetriebliche Transport aufgefordert, die vollen Behälter zu entleeren bzw. gegen leere auszutauschen. Bei dem Transport wird jeder Behälter mit den an den Gabelstaplern montierten wiegenden Gabeln gewogen. Das Gewicht und das Entleerungsdatum wird auf dem unteren abreißbaren Abschnitt des Internen Begleitscheins notiert.

Mehrmals pro Schicht fahren die Staplerfahrer die zentral gelegenen PRODOK-Stationen an und melden die Scheine zurück. Dabei muß nur die Aktionsnummer, das Abholdatum und das Gewicht eingegeben werden. Die anderen Daten werden zur Kontrolle nach Aufruf der Aktionsnummer auf dem Bildschirm eingeblendet.

Mit dieser Eingabe ist der Schein, und damit der Behälter, fertiggemeldet und steht zur Entsorgung bereit.

Jetzt stehen folgende Daten zur Verfügung:

– Standort (mit Modul, Kostenstelle, Maschine),
– Behältertyp,
– Entleerungsdatum (Anfallzeitpunkt),
– Abfallart.

Damit können Auswertungen nach jeder beliebigen Fragestellung und jedem beliebigen Sortierkriterium erfolgen.

Anwendungsbeispiel

Das folgende praktische Anwendungsbeispiel zeigt, wie mit Hilfe der Daten aus PRODOK-A gezielte Abfallvermeidungsmaßnahmen eingeleitet und deren Ergebnisse verfolgt werden können.

Im Mai diesen Jahres waren von einer bestimmten Abfallart (in PRODOK-A Stoffdatenblatt-Gruppe Nr. 3) bereits über 70% der in der ESN zugelassenen Menge entsorgt worden. Dies bedeutete einen Anstieg von 45% gegenüber dem Vorjahr.

Es mußten sofort Maßnahmen zur Reduzierung der Abfallart eingeleitet werden. Ein Team, aus einem Ingenieur pro Modul bestehend, wurde unter meiner Leitung gebildet, mit der Aufgabe, Ursachen für die Situation zu ergründen und Gegenmaßnahmen zu planen und durchzuführen.

Eine Analyse der Daten aus PRODOK-A ergab, daß diese Abfallart an 10 Stellen in dem Werk anfällt. Durch die Mengenverteilung ergaben sich einige Schwerpunkte, wo gezielt auf die Vermeidung eingegangen werden mußte.

Unter anderem wurden umfangreiche Schulungsmaßnahmen bei den Mitarbeitern durchgeführt, die an den Anfallstellen eingesetzt sind. Die Sensibilisierung für den Problemabfall und eine Hilfe bei der Einordnung in bestimmte Abfallarten waren Inhalte des Trainings.

Zwei Monate später konnten detaillierte Zahlen über die Mengenentwicklung der Abfallart für jede davon betroffene Anfallstelle gezeigt werden. Die Ergebnisse waren für alle Mitglieder des Teams verblüffend. Die angefallenen Mengen konnten, über das ganze Werk gesehen, um über die Hälfte gesenkt werden. Auf jedes Modul, Kostenstelle bis hinunter zur Maschine, ist es möglich, genaue Aussagen über die Entwicklung aufzuzeigen.

Zielorientiert kann dort weitergearbeitet werden, wo noch Einsparungspotential erkennbar ist.

Die Ergebnisse wurden mit den entsprechenden Kosteneinsparungen an die Maschinenführer weitergeleitet, was zu einem Erfolgserlebnis und Motivationsschub führte.

Mittlerweile wird das Instrument PRODOK-A auch zur Unterteilung in verschieden verursachte Abfälle genutzt. Wichtig ist es, Erkenntnisse über den Anfall vermeidbarer Abfallmengen zu gewinnen.

Transparenz in der Abfallwirtschaft: Ökonomischer Umgang mit Reststoffen durch Einsatz von EDV-Systemen

Dirk Lorenzen

Zusammenfassung

Die Verknüpfung ökologischer und ökonomischer Anforderungen und Verpflichtungen und die Optimierung betrieblicher Abfallwirtschaft unter Beachtung dieser Interdependenz führt zur Reduktion ökologischer Belastungen und dabei zu einer spürbaren Senkung der komplexen Kosten, die im Betriebsablauf für Reststoffe bis zu deren externen Verwertung/Entsorgung anfallen.

Vor dem Hintergrund einer Menge von ca. 200 000 t Industrie- und Gewerbeabfall, die jährlich in der Bundesrepublik Deutschland anfallen, sind steigende Anforderungen des Gesetzgebers, strengere gesetzliche Auflagen und steigende Entsorgungskosten nicht verwunderlich. Aus dieser Situation heraus erwächst für die Unternehmen ein zunehmender Handlungsdruck, der in einen Handlungsbedarf mündet.

Die Ziele der betrieblichen Abfallwirtschaft lassen sich unter strategischen und operativen Gesichtspunkten einteilen (Abb. 1); die Maßnahmen dienen generell der Risikominimierung bei gleichzeitiger Kostensenkung bzw. Leistungsverbesserung.

Die grundsätzliche Vorgehensweise bei der Einführung bzw. Optimierung betrieblicher Entsorgungssysteme gliedert sich in drei Schritte:

1. Erfassung und Prüfung des Entsorgungs-Ist-Zustands,
2. Erarbeitung verschiedener Entsorgungsszenarien,
3. Umsetzung der technischen und der organisatorischen Maßnahmen für die Entsorgungslogistik.

Nach einer ausführlichen Aufnahme des Entsorgungs-Ist-Zustands der Betriebe – hierzu gehört die Erfassung der an jedem Arbeitsplatz anfallenden Abfallarten bzw. jeder Reststoffquelle, der Sammelstellen und Läger im Betrieb genauso wie die außerbetriebliche Verwertung/Entsorgung der Abfälle, einschließlich der bei den einzelnen Vorgängen anfallenden Kosten – muß ein komplexes System von Daten ausgewertet werden, um ein für jeden einzelnen Betrieb optimiertes Abfallwirtschaftskonzept zu erstellen.

		Strategische Ziele	Operative Ziele
Riskominimierung	Kostensenkung	Abfallvermeidung	Substitution Minderung Instandhaltung
		Abfallverwertung	Weiter- und Wiederverwendung Wiederverwertung
		Abfallbeseitigung	Schädlichkeitsminderung Ablagerung
		Rationalisierungsinvestitionen	Automatisierung des Materialflusses, der Informationsverarbeitung u. Steuerung, Optimierung des Resourceneinsatzes
		Kostensenkungsmaßnahmen	Reduzierung von Eil- und Sonderfahrten Reduzierung der Handhabungsvorgänge Reduzierung der Kapazität
	Leistungsverbesserung	Verbesserter Servicegrad	Reduzierung der Durchlaufzeit Flexibilitätssteigerung Bestandsminderung
		Nutzung des Recyclingpotentials	Steigerung der getrennten Abfallerfassung Verbesserung der Recyclingverfahren
		Leistungsinvestitionen	Produktivitätserhöhung Informationssystem zur Erhöhung der Transparenz

Abb. 1. Ziele der betrieblichen Abfallwirtschaft

Durch die Verdichtung der erhobenen Daten mit Hilfe eines EDV-gestützten Planungssystems können, von der Behälter- und Standortoptimierung bis zur Vermeidungsstrategie durch einen umweltorientierten Materialeinkauf, Alternativen zum bisherigen Stand der betrieblichen Entsorgung aufgedeckt und fortlaufend, auch hinsichtlich ihrer wirtschaftlichen Auswirkungen, miteinander verglichen werden.

Im Gegensatz zu Optimierungsstrategien in der Produktion, deren Einsatz in der Industrie üblich ist, wird der Verbesserung des betrieblichen Abfallhandlings kaum Beachtung geschenkt. Bislang wird Abfallentsorgung in der Industrie vielfach so gehandhabt wie schon Jahrzehnte zuvor – es existieren veraltete Sammel-, Behälter- und Transportsysteme an nicht optimierten Standorten im Betrieb, über die Kostenrechnung gibt es in den Kalkulationen keine genügend detaillierten Angaben, be-

stenfalls wurden an einigen Stellen zusätzliche Sammelbehälter für die Getrennt-
sammlung schon in der Vergangenheit nur schwer zu entsorgender Abfälle aufgestellt (Abb. 2).

Die Entsorgungslogistik als Teilaspekt der betrieblichen Logistik hat erst in den
letzten Jahren Beachtung gefunden.

Neben den Reststoffen sind noch eine Anzahl weiterer Objekte von wesentlicher
Bedeutung für ein entsorgungslogistisches System (Abb. 3). Nach Abb. 4 sind die
Hauptsystemelemente die Befüllung, die Sammlung, der Transport und die Ver-
wertung/Entsorgung der Reststoffe.

Der Weg der Reststoffe ist im Betriebsablauf, d. h. im Rahmen der innerbetrieblichen Entsorgungslogistik, durch eine Vielzahl verschiedener technischer Möglichkeiten und Verfahren charakterisiert.

Die Anforderungen an ein EDV-gestütztes Planungssystem lassen sich wie folgt zu-
sammenfassen:

- Gesetzliche Anforderungen,
- Werkzeug zur Erstellung betrieblicher Abfallwirtschaftskonzepte und
  betrieblicher Abfallbilanzen,
- stoffliche Identifikation zu jeder Zeit an jedem Ort in Menge und
  Zusammensetzung,
- Aufdecken von Reststoffvermischungen,
- Planung von Getrenntsammelsystemen
- Aufdecken von Vermeidungspotentialen,
- wirtschaftliche Anforderungen,
- Bewertung innerbetrieblicher entsorgungslogistischer Vorgänge nach Kosten-
  und Leistungsgesichtspunkten,
- Optimierung des innerbetrieblichen Entsorgungssystems durch interaktive
  Planungsschritte und die Erzeugung von Planungsvartianten.

Mit Hilfe deratiger Planungssysteme läßt sich die betriebliche Abfallwirtschaft unter
Umwelt- wie auch unter betriebswirtschaftlichen Gesichtspunkten analysieren und
planen. Der Einsatz solcher Planungssysteme setzt eine strukturierte Datenerfassung voraus.

Die Analyse der einzelnen Elemente kann direkt mit der Planung neuer Entsor-
gungsstrukturen verknüpft werden, wie es an dem einfachen Beispiel geänderter
Behältersysteme für bestimmte Abfallarten (Abb. 5) gezeigt ist. Geänderte Betriebs-
kosten sind sofort verfügbar.

Produktionssystem	Entsorgungssystem
+ jeder Arbeitsgang monetär bewertet (z. B. Werkstückwechselzeit)	— i. d. R. nur Behandlungskosten bekannt (Logistikkosten kaum berücksichtigt)
+ transparent, geplant, gesteuert und überwacht	— historisch gewachsen, willkürlich aufeinander abgestimmt, nicht transparent
+ speziell geschultes Personal in allen Bereichen	— angelerntes Personal in den meisten Bereichen
+ Art, Menge und Bedarf aller Einsatzmittel und -stoffe bekannt	— Reststoffarten und -mengen i. d. R. erst nach Vermischung „am Werkstor" bekannt
+ geplanter Materialfluß (ca. 70 % des Transportaufkommens)	— willkürlicher Materialfluß (ca. 30 % des Transportaufkommens)
+ eher geringes Rationalisierungspotential	— hohes Rationalisierungspotential
+ …	— …

Abb. 2. (s. Text)

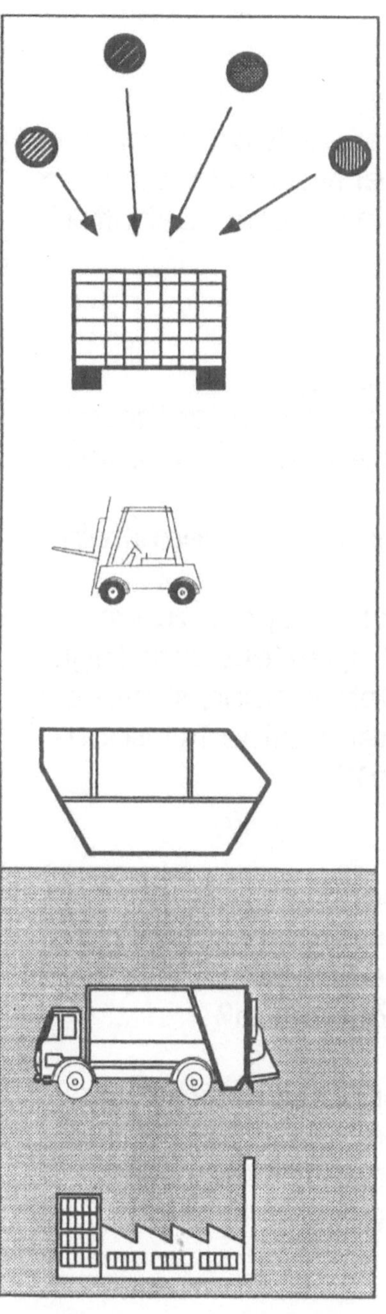

Abb. 3. Entsorgungslogistisches System

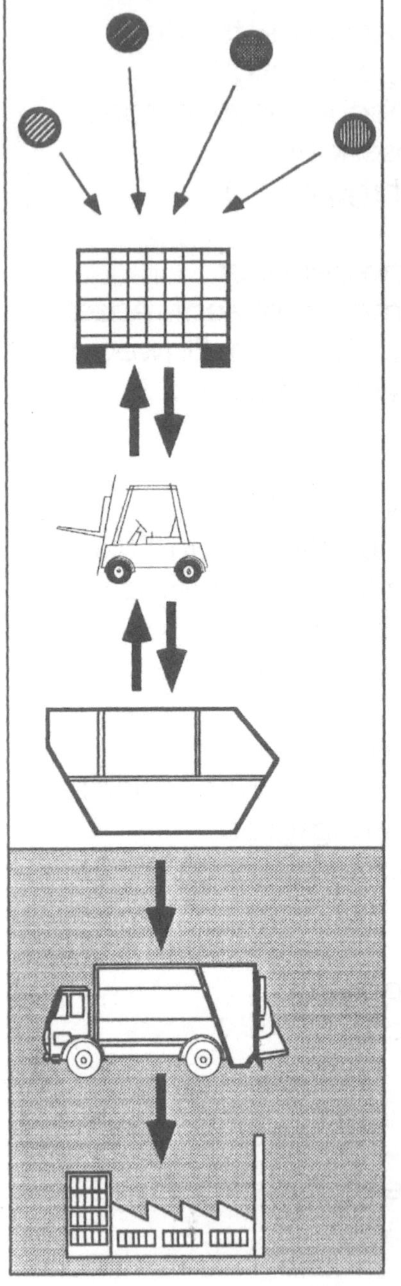

Abb. 4. Hauptsystemelemente

Befüllung
welcher Reststoff gelangt in
welcher Menge in welchem
Zyklus in welchen Behälter?

Sammlung
welche Behälter gelangen
zur Entleerung/Umleerung

mit welchen Fördermitteln

in welchen Zyklen zu wel-
chen Lagerbehältern (ggf.
über Behandlungsstationen
und mehrstufige Transport-
schritte)?

Transport
welcher Transporteur holt
welche Lagerbehälter in welchen Zyklen ab?

Verwertung/Entsorgung
welche Reststoffe werden
wo verwertet bzw. wie
entsorgt?

Datei Edit Information Planung Optimierung Simulation Datenbank Zoom Layout
Sammel
stelle

Auswertung

Sammelstelle 7

Informationen:

Abschnitte: 1
220 l Ringfaß 2

Lösungsmittel verun. mit Farb
Innerbetrieblicher Zielort:
Entsorgungslager 3

Leerungen: 20
Weglänge insges.: 63 km
Menge: 9000 Liter

Schwachstellen:
ungünstiges Handlingsverhalten
viele Leerungen
große Entfernungen

Maßnahmen:
1. anderen Behältertyp wählen
2. größeres Behältervolumen
   wählen
3. Sammelstellenstandort
   optimieren

Planung

Sammelstelle 7

Informationen:

Abschnitte: 1
KTC 1000 F: 2

Lösungsmittel verun. mit Farb
Innerbetrieblicher Zielort:
Entsorgungslager 3

Leerungen: 5
Weglänge insges.: 44 km
Menge: 9000 Liter

Verbesserungen:
günstiges Handlingsverhalten
wenig Leerungen
geringe Entfernungen

Kostenersparnis durch die
durchgeführten Maßnahmen an
Sammelstelle 7:
Ist-Kosten: 1082 DM
Planungsvariante: 695 DM

Ersparnis: 387 DM

Stammdaten

ASP 400
Kanister 20 l
MGB 240
MGB 120
MGB 1,1
MGB 4,0

Rundbehälter
Gitterbox

Unileer
Wechsel
Einweg

drucken   ändern   OK

Analyse

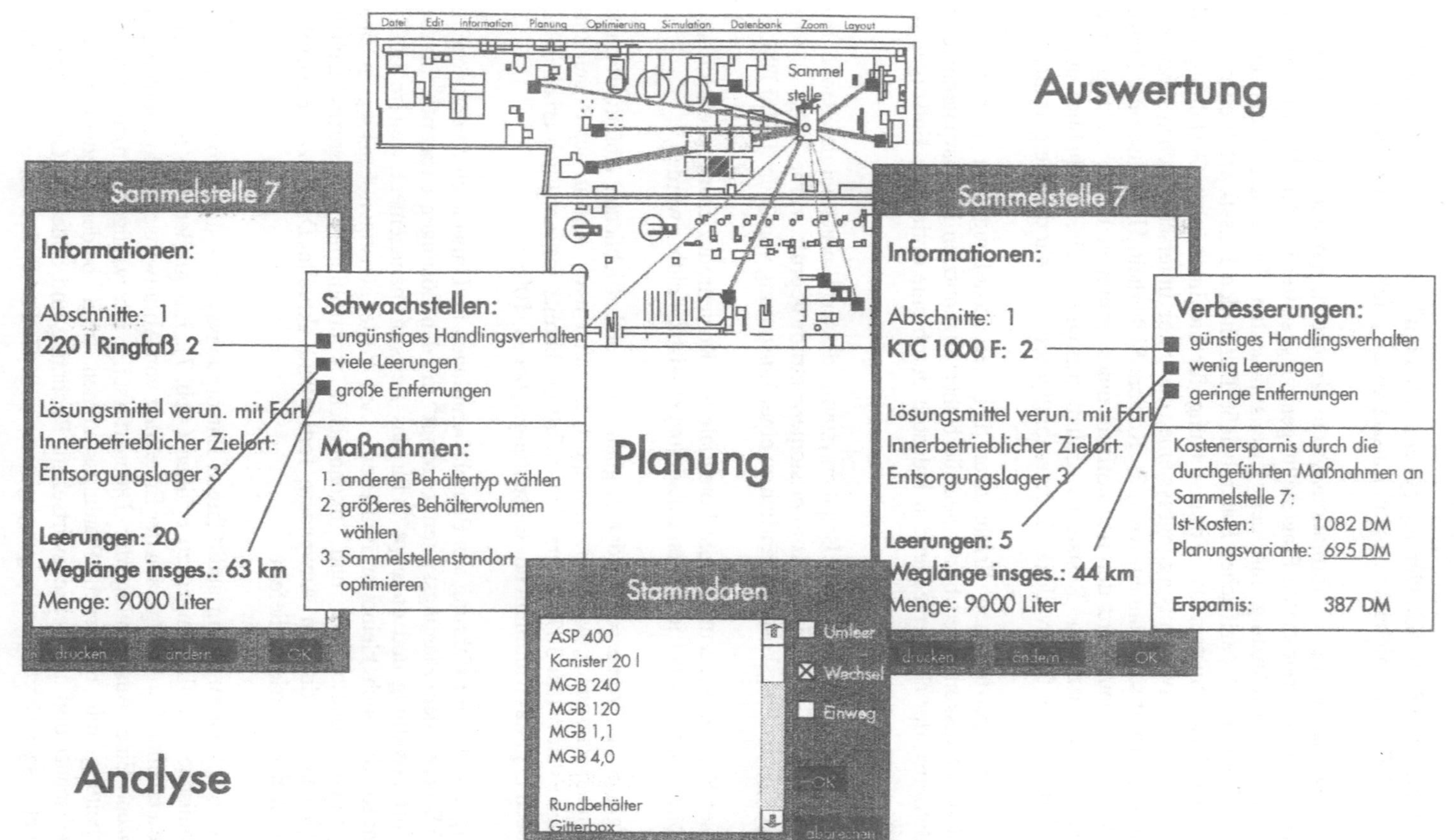

Abb. 5. (s. Text)

Den Leistungsumfang des Planungssystems **concept^R**, das bei der ETB Entsorgungs- und Technologieberatung zum Einsatz gelangt, faßt Abb. 6 zusammen.

Mit **concept^R** wird ein Informationssystem eingesetzt, das mit allen Grunddaten für die entsorgungsrelevanten Fragestellungen ausgestattet ist, dem Planer aber die Freiheiten zur Ergänzung mit den jeweils neuesten Techniken, Vorschriften, branchen- und abfallspezifischen Daten beläßt. Durch den Einsatz erfahrener Berater schafft dieses System die Voraussetzung für die interaktive Gestaltung und Erstellung alternativer Entsorgungssysteme, die unter unterschiedlichen Gesichtspunkten gefordert sein können, wie z. B. Kosten, Sicherheit, Umweltschutz, Image usw. Darüber hinaus wird der Reststofffluß eines gesamten Betriebes dargestellt und eine produktbezogene Reststoffwirtschaft ermöglicht, die, im Hinblick auf die Anforderungen der 5. Novelle des Bundesabfallgesetzes, mehr denn je gefordert ist.

Die bisher gewonnenen Erfahrungen bei der Erstellung von betrieblichen Abfallwirtschaftskonzepten bestätigen die bisher ungenutzten Einsparpotentiale in den Betrieben der abfallerzeugenden Industrie durch eine optimierte Entsorgungslogistik.

Allein die Optimierung *eines* Behältersystems, dessen Einsatz bei der Sammlung von Massenabfällen in einem Kommissionierzentrum geprüft wurde, führt – trotz höherer Anschaffungskosten – jährlich zu einer Einsparung von über 30 000 DM.

Dieses Beispiel verdeutlicht die Potentiale zur Kostenreduzierung, die im Laufe der Optimierung der betrieblichen Entsorgungslogistik sichtbar werden.

Aufgrund der Verbesserung der originär zur innerbetrieblichen Abfallwirtschaft gehörenden Parameter, wie z. B. Transport, Behälter usw., sind in der Regel Einsparungen von bis zu 30% zu erzielen; selbst bei bereits fortschrittlich arbeitenden Betrieben liegt das Minimum der Einsparungen bei ca. 10%.

Aufgrund dieser Erfahrung aus Betriebsberatungen im Umweltschutz entwickelte die ETB neben dem Planungssystem **concept^R** mit den Lösungen **concept^{RV}** für die Reststoffverwaltung und **concept^{RM}** für das Reststoffmanagement weitere EDV-Lösungen, die auch kleineren Betrieben einen kostengünstigen Einstieg in eine transparente, ökologisch und ökonomisch kontrollierte Reststoffwirtschaft ermöglichen und die den Anwendern fortlaufend aktuelle Daten zur Reststoffsitutation eines Betriebes liefern.

Auf dem Weg zu einem auditfähigen Entsorgungssystem sind ökologische und ökonomische Verpflichtungen zu erfüllen (Abb. 7). Ein großer Teil resultiert aus der gesetzlichen Forderung nach der Erstellung von Abfallwirtschaftskonzepten und -bilanzen. Eine Ausdehnung der Datenerfassung um wenige Punkte und die Verarbeitung mit modernen Planungssystemen trägt beiden Gedanken, dem Umweltschutz und der Betriebswirtschaft, Rechnung und bildet die Grundlage für ein qualitätsgesichertes Entsorgungssystem – ein Gedanke, der bei der Aktualität der Diskussion um Umwelthandbücher und Ökobilanzen nicht unbeachtet bleiben und – im Hinblick auf das vorgesehene EG-Öko-Audit – rechtzeitig umgesetzt werden sollte.

Die Erweiterung von Software-Tools, die zum Abfallwirtschaftsmanagement eingesetzt werden, auf die übrigen Umweltkompartimente Luft, Wasser und Lärm bieten vielversprechende Ansätze zur Lösung des Problems integrierter Umweltschutzkonzepte.

Derartige Konzepte, die die Schonung der Umwelt – durch die Reduzierung des Rohstoffeinsatzes, die Verminderung von Schadstoffen und eine bessere Wiederverwertung – von Anfang an berücksichtigen, sind bereits in der Entwicklung (z. B. in der Chemischen Industrie) und werden in Zukunft die Wettbewerbsfähigkeit der Unternehmen in allen Branchen in hohem Maße beeinflussen.

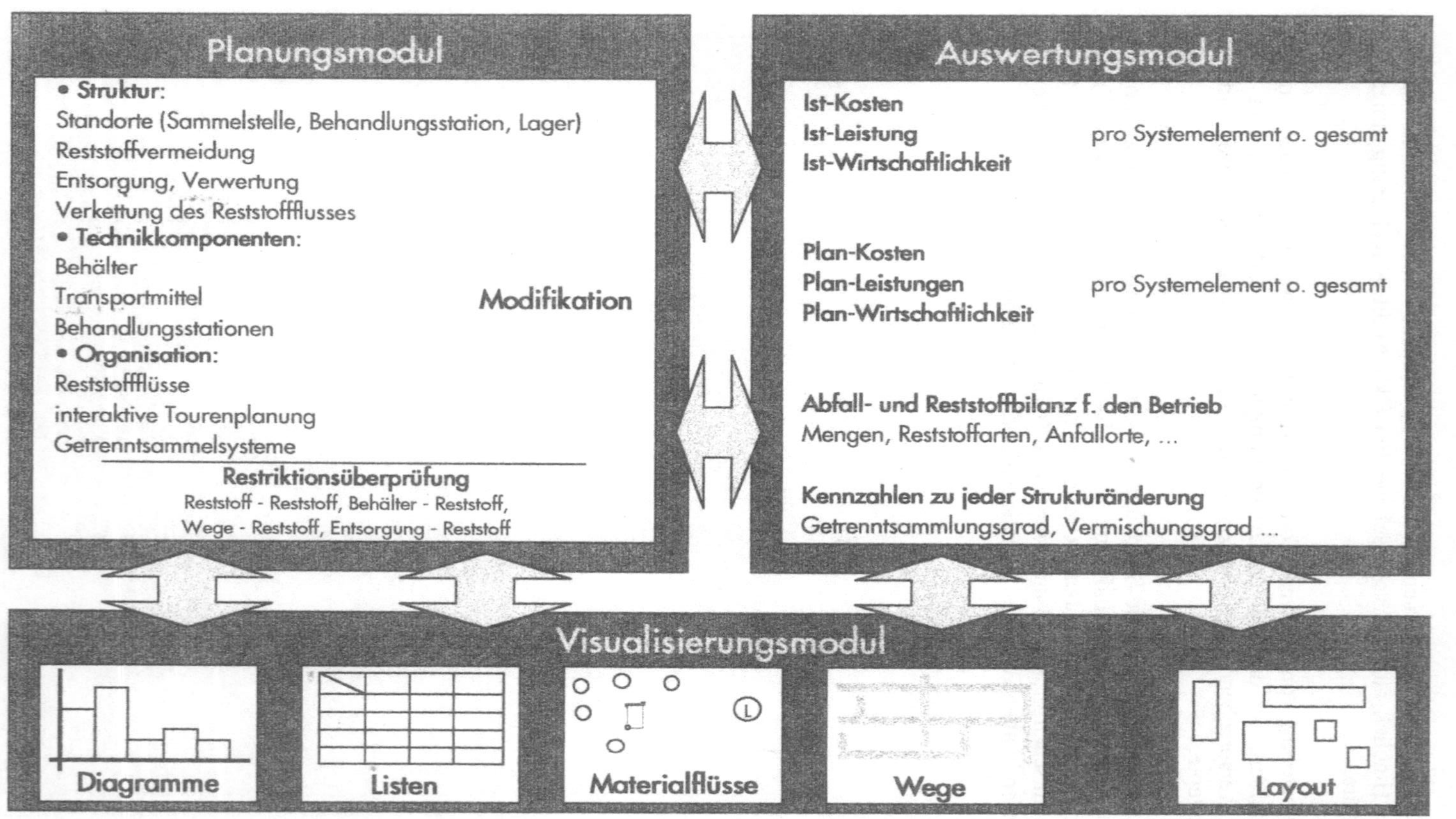

Abb. 6 Leistungsumfang des Planungssystems **concept**[R]

gesetzliche Anforderungen an
betriebliche Abfdllwirtschaftskonzepte
und notwendige **Datenerfassung:**

– Art, Menge und Verbleib
  der zu entsorgenden Abfälle

– getroffene und geplante
  Vermeidungs- und
  Verwertungsmaßnahmen:

  Herkunft der Abfälle
  Verbrauchsstellen von Einsatzstoffen
  Arten der Vorbehandlung
  Arten der Verwertung
  Beschreibung von Materialströmen
  Beschreibung der betrieblichen
  Verwertung = Kreislaufprozesse
  Möglichkeiten zum optimierten Umgang
  Prüfung von Optionen und Planungen

– fünfjährige Entsorgungssicherheit

– Entsorgbarkeit der Produkte

– regelmäßige Fortschreibung

betriebswirtschaftliche Anforderungen
und zusätzliche **Datenerfassung** zur
Einführung eines Abfallmanagements:

– Erfassung der Entsorgungskosten

– Bewertung von Planungen und
  Optionen in Hinblick auf ihre
  Kostenträchtigkeit:

  Kosten der Reststoffquelle/Arbeitsplatz
  (automatisch bei Einsatz eines Planungssystems)
  Kosten der Behandlungs- und Sammelstellen
  (automatisch bei Einsatz eines Planungssystems)
  (automatisch bei Einsatz eines Planungssystems)

  (automatisch bei Einsatz eines Planungssystems)

  (automatisch kalkulierbar
   bei Einsatz eines Planungssystems)

– Auswirkungen kalkulierbar

– ständig aktuelle Daten zu den
  ökologischen und ökonomischen
  Rahmenbedingungen der
  betrieblichen Abfallsituation

Abb. 7. Ökologische und ökonomische Verpflichtungen auf dem Weg zu einem auditfähigen Entsorgungssystem

Der Einsatz leistungsfähiger EDV-Lösungen: Transparenz und Wirtschaftlichkeit bei der Sonderabfallentsorgung
Teil 1: Erfahrungsbericht: Aufgabenstellung und praktische Anwendung

Dominik Laeis

Wir sind ein mittelständisches Dienstleitungsunternehmen mit den Geschäftsbereichen Industriereinigung, Sonderabfallentsorgung und Sanierung. Mitte der 80er Jahre suchten wir nach einer EDV-Lösung für die Verwaltung von Abfallmengen in unserem Entsorgungszentrum.

Wir fanden das für unsere Zwecke sehr geeignet erscheinende Datenbankprogramm CONCEPT 16 und das Softwarehaus SES Schmitz EDV-Systeme, die mit der Datenbank arbeiteten. Wir schoben alle bisher erarbeiteten Teillösungen zur Seite und machten uns völlig neu an die Aufgabe heran. Wie sich später herausstellte, war dieses eine der wichtigsten Voraussetzungen für das angestrebte Ergebnis.

Wir begannen zunächst, unseren Bedarf neu zu definieren. Es ergaben sich drei Hauptbereiche, in denen die folgenden Aufgaben erfüllt werden mußten:

1 Eingangskontrolle

Wir hatten seinerzeit ein betriebsinternes Vorprüfverfahren, mit welchem wir feststellten, ob ein bestimmter Abfall bei uns angenommen und behandelt werden konnte und durfte. Nicht für diese Anlage genehmigte Abfallarten oder Abfallerzeuger außerhalb unseres Einzugsgebietes mußten durch das System abgelehnt werden. Das Ergebnis war ein Papier, welches wir Abfallpaß nannten (der Vorläufer des späteren Entsorgungsnachweises). Es galt, den kompletten Inhalt dieses Abfallpasses zu erfassen und ihn ganz oder in je einem Teilbereich als Informationssystem für die Disposition, für das Labor und für die Eingangskontrolle sowie für die Betriebsführung als Bildschirmmaske verfügbar zu machen. Außerdem sollten die einzelnen Prüfschritte nachvollziehbar sein, so daß jederzeit ein Status über den Bearbeitungsstand eines Abfallpasses abgerufen werden konnte (Vertriebsforderung).

2   Mengenbilanz gemäß den Vorgaben der abfallrechtlichen Betriebsgenehmigung

In unserer abfallrechtlichen Betriebsgenehmigung wird am Jahresende folgende Dokumentation gefordert:

- Auflistung der Eingangsmengen, sortiert nach Abfallschlüsselnummern,
- Auflistung von Art und Menge der Zuschlagsstoffe,
- Auflistung der Ausgangsmengen, sortiert nach Abfallschlüsselnummern,
- eine Jahresmengenbilanz als monatliche Fortschreibung von Lageranfangs-
  bestand + Eingang + Zuschlagsstoffe − Ausgang = Lagerendbestand.

Für Zweifelsfragen mußten wir in der Lage sein, der Behörde jede einzelne Partie mit Datum, Begleitscheinnummer, Abfallschlüsselnummer und Menge zu dokumentieren. Außerdem war eine separate Eingangsmengenstatistik zu erstellen, aus der die Behörde entnehmen konnte, welche Abfallart aus welchem Kreis oder aus welcher kreisfreien Stadt unseres Einzugsgebietes stammte.

3   Statistische Auswertungen mit Schwergewicht auf den Anforderungen der Vertriebsabteilung

Die unternehmensbezogenen Statistiken, die vornehmlich vertriebsorientiert sind, beziehen sich logischerweise auf Kundennamen und Einzugsgebiete. Hier galt es, pro Kunde Abfallmengen, sortiert nach Abfallschlüsselnummern und Eingangs-daten, verfügbar zu machen. Ebenso galt es, die entsprechenden Ausgangsmengen, sortiert nach Entsorgungsanlagen, Mengen mit Abfallschlüsselnummer und Zeiten, zu dokumentieren. Neben der Tatsache, daß diese Daten in monatlich ausge-druckten und sich fortschreibenden Listen enthalten sein müssen, war es erfor-derlich, diese Information betriebsintern tagesaktuell abrufen zu können.

Nach rund einem Jahr Arbeit haben wir seit Sommer 1989 das fertige Ergebnis bei uns installiert und sind damit sehr zufrieden. Ein sehr wichtiger "Baustein" auf dem Weg zu diesem zufriedenstellenden Ergebnis soll nicht unerwähnt bleiben: Wir haben von uns aus einen Mitarbeiter mit sehr speziellen abfallbezogenen Kennt-nissen für die Dauer der Entwicklungsphase dem Software-Haus als ständigen Gesprächspartner angeboten. Das Software-Haus seinerseits hat die Programmier-aufgabe während der gesamten Entwicklungszeit hauptverantwortlich ebenfalls in den Händen eines Mitarbeiters gelassen.

Das Programm erhielt den Namen AVES = Abfallverwaltungs-EDV-System. Es wurde anfangs in einem Netzwerk mit 8 PCs installiert, welches mittlerweile auf über 30 PCs erweitert worden ist. Parallel zu der Entwicklung in unserem Entsor-gungszentrum wurde auch bei unseren Niederlassungen AVES installiert.

Inzwischen gibt es 10 Installationen, die über Modem mit dem Zentralrechner verbunden sind.

Die Nagelprobe zeigte sich, kaum daß das neue Programm installiert war, in Form der Abfall- und Reststoffüberwachungs-Verordnung und der darin vorgeschriebenen Entsorgungsnachweise. Es wurde nunmehr erforderlich, den Baustein, den wir unter dem Begriff "Abfallpaß" etabliert hatten, gegen einen neuen für das Entsorgungsnachweisverfahren auszutauschen. Wir können sagen, daß der Austausch ohne nennenswerte Probleme möglich gewesen war und die Mitarbeiter von einem Arbeitstag zum nächsten über das Werkzeug verfügen konnten.

Nach Fertigstellung und Installierung des Systems haben wir mit derselben Datenbank noch eine zusätzliche Verwaltung unseres Containerparks mit Überwachung von TÜV-Prüfterminen entwickelt und installiert. Zur Zeit ist eine Ergänzung zur Erfassung von Lohnstunden und Fahrzeug- bzw. Gerätestunden in Vorbereitung, mit der wir seit dem Anfang des Jahres arbeiten. Der nächste Schritt wird dann die Erstellung eines Fakturationsprogrammes sein, welches seinen Mengen-Input über AVES und die automatische Eingangsverwiegung erhalten soll, und natürlich eine Schnittstelle in die Finanzbuchhaltung.

Ergebnis

- Das Programm AVES entsprach in allen Bereichen dem Anforderungsprofil.
- Eine bedienerfreundliche Bildschirmoberfläche sorgte für einen zusätzlichen Motivationsschub bei unseren Mitarbeitern, mit dem neuen Werkzeug zu arbeiten.
- Die vernetzte PC-Lösung war – die Entwicklung der PC-Welt vorausahnend – die richtige Entscheidung.
- "Flexible response" als Notwendigkeit, heute sicher zu sein, eine Aufgabe von morgen auch bewältigen zu können, hat sich bewährt.

Teil 2: EDV-Lösungen für eine ganze Branche

Franz Schmitz

Die im vorstehenden Beitrag angestellten Überlegungen zeigen, daß für die Entwicklung einer zufriedenstellenden EDV-Lösung die Zusammenarbeit zwischen Software-Experten und Anwendern eine nicht zu unterschätzende Voraussetzung für ein positives Ergebnis ist.

Nicht allein nur durch den Einsatz von EDV wird eine Erhöhung der Leistungsfähigkeit des Unternehmens garantiert. Die EDV erfüllt die an sie gestellten Erwartungen nur unter genauer Berücksichtigung der Belange des speziellen Wirtschaftszweiges und der individuellen Anforderungen eines Betriebes.

Um ein zufriedenstellendes Produkt zur Verfügung stellen zu können, muß der Software-Entwickler, bevor er mit der Programmierung beginnt, die spezifischen Anforderungen und Probleme der Unternehmen verinnerlichen. Erst wenn er selbst über ein umfangreiches Know-how verfügt, können seine Produkte auch dieses Know-how wiederspiegeln und weitergeben.

Am günstigsten ist es, wenn – wie in dem geschilderten Fall der Zusammenarbeit mit der Firma Buchen – der zukünftige Anwender in der Planungs- und Entwicklungsphase durch intensive Kooperation entscheidende Impulse für das Software-Design geben kann. Dadurch entsteht ein Werkzeug, das aus der Praxis für die Praxis entwickelt wird, bei dem nicht softwaretechnische Sachzwänge, sondern die Belange des Anwenders Vorrang haben.

Aber auch in einem solchen Fall kann es geschehen, daß veränderte Rahmenbedingungen es notwendig machen, die Situation völlig neu zu überdenken. Das aus den Anforderungsprofilen der Kunden entwickelte Software-Programm AVES war vor dem Inkrafttreten der TA Abfall konzipiert und entwickelt worden. In das Programm konnten zwar problemlos nachträglich neue Anwendungen eingebunden werden; doch bei dem Anspruch, auf die vielfältigen Anforderungen der verschiedensten Kunden flexibel eingehen zu können, stieß SES an die Grenzen des für diesen Umfang nicht konzipierten Programmes. Darum begannen die Entwickler von SES im Jahre 1992 mit der Schaffung eines neuen Gesamtkonzeptes.

Auf der einen Seite sollte die neue Software eine Standardlösung für alle Bereiche der Abfallwirtschaft sein; auf der anderen Seite sollten die Programmbestandteile individuell für jeden Anwender modifizierbar sein.

Nach einer über einjährigen Entwicklungsphase ist nun das neue und wesentlich umfangreichere Produkt *SES-DAVID* seit Mitte 1993 mit bereits über 35 Installationen auf dem Markt.

Während der Entwicklungsphase galt es, die grundsätzlichen Überlegungen zur Schaffung eines sinnvollen EDV-Konzeptes, die schon bei der Entwicklung von AVES eine entscheidene Rolle gespielt hatten, mit der Analyse der veränderten Situation in der Abfallwirtschaft zu verknüpfen.

Im folgenden soll kurz die veränderte Situation in der Abfallwirtschaft beleuchtet werden. Die grundsätzlichen Überlegungen, die bei der Konzeption einer EDV-Lösung für die Abfallwirtschaft berücksichtigt werden müssen und die in *SES-DAVID* eingeflossen sind, werden im Anschluß daran dargestellt.

Die veränderten Rahmenbedingungen in der Abfallwirtschaft

Der Gesetzgeber hat in den letzten Jahren viele neue Gesetze und Bestimmungen erlassen, die die Entsorgung von Abfällen und Reststoffen betreffen. Die Erfüllung der TA Abfall und das Ausfüllen der umfangreichen Formulare nach der Abfall-/Reststoffüberwachungs-Verordnung sowie der neue Abfallartenkatalog stellen erhebliche Anforderungen an den Verwaltungsapparat aller Sparten der Abfallwirtschaft.

Die Behandlung und Entsorgung von Abfällen, insbesondere von Sonderabfällen, ist ein Problem, dessen Lösung in den vergangenen Jahrzehnten hauptsächlich von der Abfallwirtschaft selbst übernommen wurde. Heute machen neue Abfallwirtschaftskonzepte die Herausforderungen, die in Zukunft an die Branche gestellt werden, deutlich bewußt. Die Vielzahl der Stoffe und Stoffzusammensetzungen haben nicht nur eine gesteigerte behördliche Überwachung nach sich gezogen; der Aspekt der Sicherheit der Mitarbeiter sowie die Forderung nach besseren Methoden zur Verwertung und Vermeidung von Abfällen werden immer mehr zu einem zentralen Ansatzpunkt für die Schaffung neuer Unternehmenskonzepte.

Die Schaffung einer ganzheitlichen Problemlösung

Nach der grundlegenden Änderung der Rahmenbedingungen seit 1990 sind isolierte Maßnahmen zur Reduzierung der sich immer mehr auf die Verwaltung verlagernden Kostenstruktur in der Abfallwirtschaft wenig geeignet, den gestiegenen Anforderungen gerecht zu werden. Es ist nur die Erfüllung eines Teilzieles, ein Verfahren zu entwickeln, das das Bearbeiten und Verwalten der vielen Formulare erleichtert bzw. erst in einem ökonomisch vertretbaren Rahmen ermöglicht.

Hauptziel sollte sein, größtmögliche Transparenz des innerbetrieblichen Geschehens in dem sensiblen Bereich der Abfallentstehung und -entsorgung zu schaffen. Erst transparente Abläufe und Stoffströme bieten der Branche

- den notwendigen Schutz zur ganzheitlichen Bewältigung ihrer innerbetrieblichen, gesetzlichen und gesellschaftlichen Aufgaben,
- den Informationsstand und die Flexibilität zur Entwicklung von Abfallverwertungs- und -vermeidungsstrategien.

Die Software-Lösung *SES-DAVID*, die das Problem ganzheitlich angeht, stellt der Abfallwirtschaft ein wirksames Informations-, Dokumentations- und Kontrollinstrument zur Überwachung der Betriebsabläufe zur Verfügung:

1. Als Informationssystem ermöglicht es die optimale Auslastung der Kapazitäten durch die Betrachtung der zu erwartenden Aufträge, der Ist-Mengen des Bestandes und der Qualität der Abfälle. Im Software-Design integriertes Wissen erhöht für die Mitarbeiter die Durchschaubarkeit der betrieblichen Abläufe.
2. Durch die Dokumentation aller Vorgänge wird die Sicherheit gewährleistet, Dritte jederzeit über die Betriebsabläufe zu informieren und Vorgänge nachvollziehen zu können. Statistische Auswertungen bieten die Gelegenheit einer längerfristigen Beurteilung der Betriebsabläufe, der Entwicklung der Qualitätsstandards und des Kundenverhaltens.
3. Als Kontrollinstrument unterstützt es den Anwender in seiner Arbeit und ermöglicht eine gezielte Steuerung des Informationsflusses im Betrieb.

Neben diesen grundsätzlichen Überlegungen wurden bei der Entwicklung von *SES-DAVID* die Erfahrungen verarbeitet, die in den vier Jahren der Zusammenarbeit mit den Anwendern gewonnen wurden. Dabei ergab sich ein konkretes Anforderungsprofil für ein leistungsfähiges Werkzeug für die Abfallwirtschaft. Dieses wurde der Konzeption der Software zugrundegelegt.

Die Kontrolle der Betriebsabläufe

Ein System, dessen Arbeit Grundlagen bieten soll für Entscheidungen im Management sowie für die Entwicklung neuer Konzepte und Strategien, muß der Geschäftsleitung einen ständigen Überblick und Kontrollmöglichkeiten über alle Betriebsabläufe bieten. Erst dadurch wird eine effiziente Disposition und reelle Kalkulation möglich.

Dazu gehört zum einen der permanente Zugang zu den aktuellen Daten. Zum anderen schaffen Informationen über größere Zeiträume die Voraussetzung für eine Beurteilung der Gesamtabläufe. Dazu gehören nicht nur Statistiken über die Auslastungen des Betriebes und über die Stoffströme, sondern z. B. auch Auswertungen über das Verhalten der Kunden. Des weiteren bilden Auswertungen eine Entscheidungshilfe für die Entwicklung von kurz- und längerfristigen Strategien zur Kostenreduzierung, für die Planung neuer Anlagen etc.

Die Steuerung des Informationsflusses im Betrieb

Gerade wenn große und unterschiedliche Datenmengen in einer Verwaltung auftreten, ist die Angleichung der Informationsstände unter den Mitarbeitern eine Grundvoraussetzung für wirtschaftliches Arbeiten. Fehlentscheidungen und ineffektive Arbeitsweisen beruhen oft auf mangelnden Kommunikationsmöglichkeiten zwischen den Mitarbeitern und den verschiedenen Abteilungen innerhalb der Betriebsorganisation. Hier leistet eine EDV-Lösung, die beliebig vielen Benutzern einen aktuellen und ortsunabhängigen Datenzugriff erlaubt, große Hilfe. Sämtliche Daten sind prinzipiell jederzeit für jeden verfügbar; alle Mitarbeiter haben den gleichen Informationsstand.

Was auf der einen Seite wünschenswert ist, ist auf der anderen Seite auch bedenklich. Nicht jeder Mitarbeiter soll über alle Vorgänge und Bewegungen informiert sein, nicht jeder soll beliebig in Datensätze und Vorgänge eingreifen dürfen. Datenmanipulation und unkontrollierbarer Zugang werden verhindert, um die Sicherheit und den Schutz der Daten zu gewährleisten.

Die Bewältigung der gewaltigen Datenmengen

Insbesondere in Entsorgungsunternehmen fallen gewaltige Datenmengen an. Es handelt sich hierbei ja nicht nur um die Entsorgungsnachweise und Begleitpapiere. Ein je nach Größe des Unternehmens bestehender Kundenstamm, die Abfallarten, die Labordaten etc. müssen in das EDV-System integriert werden. Die Software sollte hier nicht nur in der Lage sein, diese Datenmengen in einer vernünftigen Zeit zur Verfügung zu stellen, sondern auch die Daten sinnvoll miteinander verknüpfen können, um Mehrfacheingaben zu vermeiden.

Ebenso müssen umfangreiche Plausibilitätsprüfungen die Eingaben der Mitarbeiter überwachen und steuern, um Fehleingaben zu vermeiden und die Arbeit zu beschleunigen. Hier ist das Datenbanksystem CONCEPT 16 eine ideale Kombination zwischen der Fähigkeit, schnell riesige Datenmengen just in time zur Verfügung zu stellen und Datensätze miteinander zu verknüpfen.

Das Bearbeiten und Verwalten der umfangreichen Formulare

An *SES-DAVID* wurde die Anforderung gestellt, in diesem Bereich spürbar zeit- und kostensparend zu wirken. Für die Planung der EDV-Lösung hatte das die Konsequenz, aufgrund von ergonomischen Vorüberlegungen den Zeitaufwand für das Ausfüllen der Formulare erheblich zu reduzieren. Gleichzeitg dient das Formularwesen als Basis für die Dokumentation, die Kontrolle und die Information über Stoffströme, Vorgänge und die Bewertung von Abfällen.

Die Bedienerfreundlichkeit

Bei der Konzeption von *SES-DAVID* wurde ein sehr großes Gewicht auf die Bedienerfreundlichkeit des Programmes gelegt. Auch Neulinge im EDV-Bereich können problemlos mit der Software arbeiten; keine unübersichtlichen Bildschirmmasken, keine unverständlichen Abfolgen von Arbeitsschritten behindern den Anwender bei der Arbeit.

- In der Menü- und Fenstertechnik orientiert sich die Software an den bewährten Standards der heute gängigen Massensoftware.
- Die Eingabe neuer Daten wird durch Verknüpfungen zwischen den verschiedenen Teilen des Programmes entscheidend vereinfacht. Für die tägliche Arbeit erforderliche Daten werden einfach aus vom System erstellten Listen oder durch direktes Springen in andere Programmteile übertragen.
- Der Anwender hat jederzeit Zugriff auf alle für den Programmteil relevanten Datenbestände.

Die vorangegangenen Gesichtspunkte finden sich teils in der internen Struktur der Software, teils an der Benutzeroberfläche und in den einzelnen Programmbestandteilen von *SES-DAVID* wieder.

Die zentralen Programmbestandteile von *SES-DAVID*

Vergabe von Benutzerrechten und Systemverwaltung

Sicherheit und Schutz der Daten müssen oberste Priorität haben. In *SES-DAVID* wird neben einigen speziellen Berechtigungen für jeden Benutzer definiert, welche Programmteile er aufrufen darf, welche Menüpunkte er innerhalb der einzelnen Programmteile aktivieren darf und welche Funktionen er innerhalb eines Programmteiles ausüben darf (Anlegen, Ändern und Löschen von Datensätzen). Auf diese Weise kann der Informationsfluß im Betrieb gezielt gesteuert werden.

Das Softwareprogramm ist individuell konfigurierbar. Wesentliche Vorgaben, z. B. die Vorwarnzeiten und -mengen für ablaufende Genehmigungen, das Zulassen von Genehmigungsüberschreitungen, Wertgrenzen für die Analysen, werden durch den Anwender selbst bestimmt. Diese Vorgaben können nachträglich jederzeit leicht geändert werden.

Die Stammdaten

SES-DAVID besitzt eine umfangreiche Stammdatenverwaltung. Diese beinhaltet zum Beispiel eine Adressenverwaltung, in der Geschäftsbeziehungen hinterlegt werden, sowie einen Gefahrstoff- und Abfallartenkatalog.

Da es sich dabei je nach Betriebsgröße um sehr umfangreiche Datenbestände handelt, sind die Datensätze im Programm so hinterlegt, daß zum Wiederauffinden von Datensätzen verschiedenste Suchkriterien verwendet werden können.

Die Genehmigungen

Um dem Anwender bei der Bearbeitung des Formularwesens optimal zu unterstützen, wurden die Bildschirmmasken den realen Formularen angepaßt. Durch die Möglichkeit des direkten Anwählens von Formularseiten kann sich der Anwender schnell zwischen den Bildschirmseiten bewegen.

Nur speziell berechtigte Benutzer können einzelne Nachweise sperren und verlängern. Die kompletten Analysedaten werden automatisch in die Anhänge 1a-f der Entsorgungsnachweise übertragen. Flexibel gestaltbare Ausdrucke der Entsorgungsnachweise in Formularqualität können auch für Dokumentationszwecke verwendet werden. Anlagen von beliebigem Umfang, die zu einzelnen Punkten auf den Nachweisen erstellt worden sind, werden automatisch zum Ausdruck des Entsorgungsnachweises hinzugefügt.

Die laufenden Genehmigungsverfahren, flexibel definierbare Bearbeitungsstände einer Genehmigung und weitere Eckdaten der Genehmigung können jederzeit abgefragt werden.

Die Verwaltung der Anlieferungen

In dem Modul "Disposition" werden die voraussichtlichen Anlieferungen geplant. Alle relevanten Daten werden direkt aus der Genehmigung übertragen und gehen über die Disposition in die Anlieferungsverwaltung ein.

Diese ist verknüpft mit der Bearbeitung und Verwaltung der Begleitscheine. Sowohl Entsorger, Erzeuger als auch Beförderer können damit arbeiten und ihre Zu- und Ausgänge und die Strecken verbuchen. Die Summen der angelieferten Mengen werden automatisch fortgeschrieben.

Bei Mengenüberschreitungen und Ablauf der Genehmigungszeiträume besteht die Option, die Anlage eines neuen Begleitpapieres zu verhindern oder trotz Genehmigungsüberschreitung weiterzubearbeiten.

Die integrierte Analysenverwaltung ermöglicht eine direkte Erfassung der Labordaten aus der Begleitscheinverwaltung heraus.

Für die Anlieferungen können Laufzettel, Abholscheine und Lieferscheine erstellt werden. SES fertigt auch anwenderspezifische Begleitpapiere an, in denen alle individuell benötigten Informationen verzeichnet sind.

Die bei der Verwaltung der Begleitscheine gesammelten Daten werden für die Erstellung von umfangreichen Statistiken, z. B. über Zu- und Abgänge und das Kundenverhalten, verwendet.

Die Verwaltung der Labordaten

Eine zusätzliche Entwicklung von SES ist die rechnergestützte integrierte Analysedatenverwaltung. Die Analysedaten können können direkt, auch aus der Anlieferungsverwaltung heraus, aufgrund von Musteranalysen und vielen weiteren automatisierten Parametersatzerstellungen, eingegeben werden.

Dadurch, daß die Deklarationsanalysen als Muster für die Identitätsprüfungen dienen, stehen jederzeit die richtigen Analyseparametersätze zur Verfügung. Ein automatischer Vergleich der Deklarations- und Identitätsanalysen auf dem Bildschirm erleichtert die Beurteilung der Abfallqualität. Durch die Zuordnung und/ oder Einbindung der Analysen in die Entsorgungsnachweisverwaltung und die Anlieferungsverwaltung werden die einzelnen Vorgänge vollständig und nachvollziehbar dokumentiert.

Die eingehenden Proben werden in der Probenverwaltung katalogisiert.

Das Betriebstagebuch, Statistiken und Auswertungen

Die Führung des Betriebstagebuches zur Einhaltung des Paragraphen 5.4.3 nach Teil 1 der TA Abfall vom 12.03.1993 wird mit *SES-DAVID* erheblich vereinfacht.

Die in die Software eingebundenen Funktionen zur Erstellung von Statistiken und Auswertungen machen alle Vorgänge und Betriebsabläufe transparent. Hierbei handelt es sich z. B. um Statistiken über Kundenverhalten, Anlieferungszeiträume usw.

Mit einem zusätzlichen Modul kann der Anwender selbst eigene Listen für Statistiken erstellen; mit relativ geringem Aufwand fertigt SES individuelle Funktionen für Statistiken an. Mit diesen Statistiken werden Auswertungen vorgenommen, die sich an den konkreten Bedürfnissen der Geschäftsleitung oder der einzelnen Abteilungen orientieren.

Soft- und Hardware

Ein wichtiges Argument für und wider eine Software ist nicht zuletzt, inwieweit das Programm in bestehende Systeme integriert werden kann. *SES-DAVID* läuft auf PCs und unter allen gängigen Betriebssystemen; es läßt sich auch in Windows einbinden. Es wurde vor allem für den Einsatz in Netzwerken konzipiert, ist jedoch für Einzelplatzsysteme genauso geeignet.

Für größere Unternehmen fertigt SES auch Lösungen für die Mittlere Datentechnik an; so zum Beispiel Programmversionen bzw. Spezialanwendungen unter UNIX.

Die Daten aus *SES-DAVID* können in externe Dateien zur Weiterverarbeitung in anderen Software-Programmen abgelegt werden. Externe Meßsysteme wie Waagen werden mit eingebunden. Der Datenaustausch mit Zweigstellen, Behörden oder Kunden wird über Datenfernübertragung und LAGA-Schnittstelle ermöglicht.

Zusammenfassung

SES Schmitz EDV-Systeme GmbH besteht seit 1978. Schwerpunkt ihrer Arbeit war in den 70er und 80er Jahren die Organisationsberatung für die Einführung und Verwendung von EDV. Seit 1989 hat sich SES ganz auf die Erstellung von Software für die Belange der Abfallwirtschaft spezialisiert; die Bedienerfreundlichkeit der Produkte und eine intensive Kundenbetreuung sind der Grundgedanke ihrer Arbeit. Ihre 13 Mitarbeiter befassen sich ausschließlich mit der Software-Entwicklung und der Beratung.

Das Software-Paket *SES-DAVID* vereint in sich fünf Jahre praktische Erprobung und die Umsetzung von neuen Konzepten. Mit über 35 Installationen wird es seit Mitte 1993 in allen Unternehmensformen der Abfallwirtschaft erfolgreich eingesetzt.

SES bietet eine Software-Lösung an, die aus der Praxis entwickelt worden ist und sich dort vielfach bewährt hat. *SES-DAVID* ermöglicht die Überwachung, Steuerung und Planung aller Arbeitsabläufe. Es nutzt das Formularwesen als Basis für Dokumentation, Kontrolle und Information über Stoffströme, Vorgänge und die Bewertung von Abfallqualität und Qualitätsentwicklung. Es bietet die Zuverlässigkeit eines leistungsstarken und anwenderorientierten Datenbanksystems.

Das Softwarepaket ist darauf ausgerichtet, auf der einen Seite eine Komplettlösung für die Belange der Abfallwirtschaft zu bieten. Durch seinen modularen Aufbau können sich Entsorger, Erzeuger, Beförderer und auch Behörden ein System zusammenstellen lassen, das auf ihre speziellen Bedürfnisse abgestimmt ist. Auf der anderen Seite ist *SES-DAVID* dennoch kein starres EDV-System, das von dem Anwender einfach akzeptiert werden muß. SES fertigt nach einer umfassenden Analyse selbstverständlich auch individuell zugeschnittene Software-Lösungen an. Hierbei kann es sich zum einen um Programmodifikationen handeln. Bestehende Module des Programmpaketes werden dann so erweitert, wie es für das Unternehmen am sinnvollsten ist. SES fertigt aber auch individuelle Module oder Komplettlösungen an. Fachbezogene Beratung zur Einführung sowie die intensive Betreuung auch nach der Installation mit telefonischen Hilfestellungen und Schulungen der Mitarbeiter ist Bestandteil der Zusammenarbeit mit SES.

Integriertes Abfall- und Reststoffmanagement mit dem ABAS®-System an der GMVA Niederrhein

Ernst D. Fritsch, Wolfgang B. Höfs, Hermann Krawanja

1 Einleitung

Durch die steigenden Anforderungen bei der Überwachung und Kontrolle von Reststoff- und Abfallströmen ist auch der Einsatz von EDV-Systemen in diesem Bereich ständig gewachsen. Die Anforderungen an solche Systeme sind dabei so vielfältig wie die Einsatzgebiete.

Eine EDV-Lösung muß sowohl im Einklang mit den gesetzlichen Vorschriften stehen als auch seinen Anwender in die Lage versetzten, die Einhaltung der Vorschriften an seiner Installation zu überwachen. Weiterhin muß das System variabel konfigurierbar sein, um die unterschiedlichen Anforderungen von Entsorgern, Beförderern, Erzeugern und Behörden zu erfüllen. Eine kurze Reaktionszeit auf Änderungswünsche ist in der heutigen Zeit ein weiteres Kriterium bei der Betrachtung von EDV-Lösungen.

Das ABAS®-System deckt nicht nur alle geltenden gesetzlichen Vorschriften ab, sondern erfüllt durch seinen modularen Aufbau auch die Forderungen nach Flexibilität und schnellen Anpassungen und bietet sich damit als die integrative Standardlösung für die Abfallwirtschaft an.

2 ABAS® bei der GMVA Niederrhein

Das ABAS®-System wurde erstmals 1989 bei der Gemeinschaftsmüllverbrennungsanlage (GMVA) Niederrhein in Oberhausen eingesetzt.

Abbildung 1 zeigt den heutigen Stand der Installation bei der GMVA.

Mit einer Doppelprozessor-SPARCstation (je 96.2 MIPS/17.2 MFLOPS) als Datenbank-Server liegt diese Installation derzeit am oberen Ende der Leistungsskala unter den eingesetzten Rechnertypen.

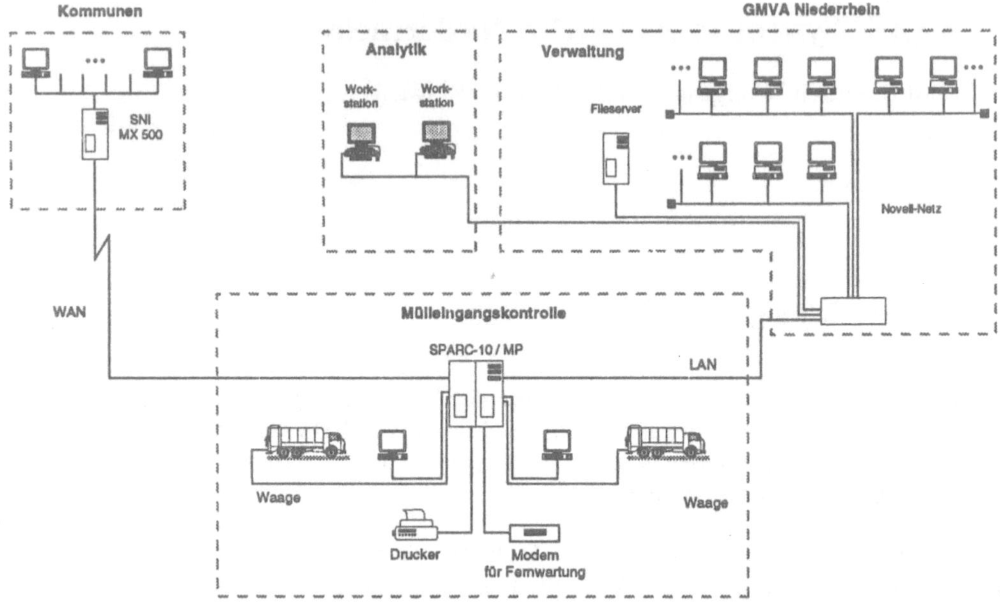

Abb. 1. Installation bei der GMVA Niederrhein

Der Zentralrechner des ABAS®-Systems ist dabei in ein NOVELL-Netz eingebunden, über das die Verwaltungsmitarbeiter der GMVA Zugang zu den Daten der Mülleingangskontrolle erhalten.

Über eine Standleitung der Telekom haben außerdem die betreibenden Kommunen Zugang zum System. Dieser wird sowohl zur Datenpflege des Fuhrparks der Stadtreinigungen als auch für Auswertungen genutzt.

Derzeit sind in der Mülleingangskontrolle 3 Arbeitsplätze eingerichtet. Von hier werden die An- und Ablieferungen über 2 Waagen kontrolliert, Belege und Quittungen gedruckt. Auch Standardauswertungen wie Tages- und Monatsberichte werden an diesen Arbeitsplätzen gezogen. Weiterhin sind mehrere Arbeitsplätze im Verwaltungsgebäude eingerichtet. Hier findet die Verwaltung der Entsorgungsnachweise, Begleitscheine und Analysendaten statt.

Pro Tag fallen derzeit zwischen 400 und 500 Verwiegungen an, so daß sich der aktuelle Datenbestand auf etwa 15 000 Kunden, 15 000 Fahrzeuge und etwa 360 000 Verwiegungen seit Erstinstallation beläuft.

Alle Daten seit Erstinstallation stehen den Benutzern ON-LINE zur Verfügung, so daß auch heute ohne Wartezeiten Auswertungen über vergangene Zeiträume gefahren werden können.

3   Das ABAS®-System im Überblick

Im Jahre 1988 wurde das ABAS®-System zur Erfassung und Auswertung von Wiegedaten mit automatischem Waagendialog konzipiert. Kunden hierfür waren in erster Linie Entsorgungseinrichtungen.

Im Lauf der Jahre wurde das System an die gestiegenen gesetzlichen Anforderungen für Entsorger angepaßt. Die Überwachung der Einhaltung gesetzlicher Vorschriften gewann an Bedeutung. Wichtig war dabei, daß die Informationen zum Zeitpunkt der Anlieferung zur Verfügung stehen, um sofort die entsprechenden Maßnahmen ergreifen zu können.

Mit den steigenden Fähigkeiten des ABAS®-Systemes im Bereich des Formularwesens (Entsorgungsnachweise, vereinfachte Entsorgungsnachweise, Begleitscheine usw.) wurde eine Erweiterung des Einsatzgebietes auf Beförderer, große Erzeuger und Aufsichtsbehörden realisiert.

In Anbetracht der gewachsenen Datenmengen, die zwischen den einzelnen Beteiligten des Entsorgungsprozesses ausgetauscht werden, wurde auch die Standardisierung von Schnittstellen zur Datenübergabe an externe Systeme realisiert. Auch im Bereich der Prozeßdatenerfassung sind Erfassungs- und Auswertefunktionen vorhanden.

Das ABAS®-System wird ferner ständig erweitert, um mit den steigenden Anforderungen Schritt zu halten. In seiner aktuellen Version umfaßt es folgende Bereiche:

- komplette Ein- und Ausgangskontrolle mit Verwiegedatenerfassung und umfassenden Überwachungsfunktionen,
- Führung des Betriebstagebuches (einschließlich des Datenaustausches mit externen Systemen),
- Führung eines Terminbuches für die Annahme von Abfällen mit zeitlichen Mengenbegrenzungen,
- Erfassung und Überwachung von Entsorgungsnachweisen (einschließlich der Datenübergabe an Aufsichtsbehörden),
- Erfassung und Überwachung von Begleitscheinen (einschließlich der Datenübergabe an Aufsichtsbehörden),
- Rechnungsschreibung (einschließlich der Datenübergabe an externe Systeme zur Finanzbuchhaltung),
- umfassendes Berichtswesen in Listen- und Grafikform,
- Abfallkataster,
- Datenimport- und Exportschnittstelle zur Übernahme bereits beim Kunden vorliegender Stammdaten oder Übergabe von Stammdaten an andere beim Kunden eingesetzte Systeme.

Durch den modularen Aufbau und die Konfigurierungsmöglichkeiten des ABAS®-Systems kann es genau auf die Bedürfnisse des jeweiligen Anwenders zugeschnitten werden.

So können z. B. zur Preisberechnung wahlweise ein Preis für alle Anlieferer, gruppenspezifische Preise (ein Preis für kommunale Anlieferer, ein Preis für gewerbliche Anlieferer usw.) oder auch kundenspezifische Preise (jeder Kunde hat für jede von ihm angelieferte Abfallart einen spezifischen Preis) herangezogen werden.

Auch im technischen Bereich geht die Entwicklung des Systems ständig weiter. Während das ABAS®-System zu Beginn ausschließlich auf alphanumerischen Terminals an UNIX-Mehrbenutzersystemen eingesetzt wurde, stehen die einzelnen Komponenten heute auch mit grafischer Fensteroberfläche auf PCs zur Verfügung.

Besonders eingabeintensive Funktionen wie die Erfassung von Entsorgungsnachweisen lassen sich hiermit um Vieles einfacher und schneller bearbeiten.

Durch die umfangreichen Möglichkeiten zum Datentransfer zwischen dem ABAS®- und externen Systemen ist es auch problemlos möglich, ABAS® in eine bestehende EDV-Konfiguration einzubinden und vorhandene Datenbestände zu nutzen.

Auch die Kommunikation mit nachgeordneten Systemen (Aufsichtsbehörde, Finanzbuchhaltung usw.) wird von ABAS® unterstützt, so daß bereits vorhandene Software-Produkte weiterhin eingesetzt werden können.

4   ABAS®-Funktionalitäten am Beispiel der Eingangskontrolle

Am Beispiel der Eingangskontrolle sollen hier einige Arbeitsweisen des ABAS®-Systems erläutert werden.

Nach dem Aufruf des Programmes bekommt der Benutzer die in Abb. 2 dargestellte Bildschirmmaske angezeigt.

Für eine Anlieferung muß zuerst das Fahrzeug bzw. Behältnis identifiziert werden. Dies kann sowohl per Tastatureingabe als auch über einen Kartenleser oder ähnliche Hilfsgeräte erfolgen.

Aus den Stammdaten des eingegebenen Fahrzeugs erhält der Benutzer die Daten des Beförderers (= des Eigentümers des Fahrzeugs/Behältnisses) und unter Umständen auch die des Erzeugers (wenn dieses Fahrzeug bzw. Behältnis vorwiegend für einen bestimmten Erzeuger fährt) und der Abfallart.

```
+----------------------------------------------------------------+-----------------+
| ABfallwirtschaftsAnwendungsSystem  -  proXima GmbH             | ANLI      3.45 |
+----------------------------------------------------------------+-----------------+
|                                                      Anlieferung               |
|                                                                                |
| Kennzeichen:      ___________ _______ kg      Typ:  _                          |
| Anhaenger:        ___________ _______ kg      Bem.: ______________________     |
|                                                                                |
| Befoerderer:   ______  Adr.: ___       Auswertungsgruppe:         ______       |
|   Name:        ______________________________________________________         |
|                                                                                |
|                ______________________________________________________         |
|                                                                                |
| Erzeuger:      ______  Adr.: ___       Auswertungsgruppe:         ______       |
|   Name:        ______________________________________________________         |
|                                                                                |
|                ______________________________________________________         |
|                                                                                |
| Abfallart:                  ______                                             |
| Zahlungspflichtiger:          _                                                |
|                                                                                |
| Betreff:    _    Betriebsteil: _    Bruttogewicht:         _______ kg          |
| Mulde 1:    ___________ _______ kg  Leergewicht:          _______ kg           |
| Mulde 2:    ___________ _______ kg  Nettogewicht:         _______ kg           |
|                                     Zaehlerstand:                              |
|                                                                                |
+----------------------------------------------------------------+-----------------+
```

Abb. 2. Anlieferung

Sollte kein Erzeuger oder keine Abfallart im Fahrzeugdatensatz eingetragen sein, werden die entsprechenden Daten über die Tastatur eingegeben.

Anschließend laufen diverse Überprüfungen ab, von denen der Benutzer nur dann eine Mitteilung bekommt, wenn das Ergebnis einer Prüfung Maßnahmen erfordert.

- Liegt die erforderliche Genehmigung vor?
  (vereinfachter Entsorgungsnachweis, Entsorgungsnachweis usw.)
- Ist die Genehmigung noch gültig?
  (Ablaufdatum des Nachweises)
- Wird die genehmigte Menge mit der aktuellen Anlieferung überschritten?
- Wurde für die aktuelle Anlieferung ein Termin vereinbart?
  (nur bei Abfällen mit zeitlichen Mengenbeschränkungen)
- Liegt eine Transportgenehmigung vor?
  (optional)
- Wurde für Erzeuger oder Beförderer eine Deponiesperre gesetzt?
  (zu häufige Falschdeklaration von Abfall, Rechnung nicht bezahlt usw.)

Die weiteren Reaktionen sind abhängig von den Wünschen des Betreibers der Anlage. Die Anlieferung kann abgebrochen oder nach einem Eintrag in das Betriebstagebuch trotzdem durchgeführt werden.

Wenn eine Anlieferung durchgeführt wird, erfolgt bei begleitscheinpflichtigen Abfällen ein Eintrag in der entsprechenden Datenbank. Weiterhin kann (wenn vom Benutzer gewünscht) der Ausdruck für das entsprechende Formular eingeleitet werden.

Außerdem ist es möglich, im Laufe eines Tages eine (wählbare) Anzahl von Fahrzeugen/Behältern nach einem gewichteten Zufallsprinzip für Sichtkontrollen oder Identifikationsanalysen auszuwählen.

Auch die Steuerung von Schranken oder Ampelanlagen zur Regelung des Waagenverkehrs kann vom Behältnissesystem übernommen werden.

Nachdem alle Prüfungen ohne Beanstandungen abgeschlossen wurden, wird das Bruttogewicht von der Waage automatisch übernommen. Das Leergewicht kann wahlweise aus der Datenbank (hier entfällt eine 2. Verwiegung) oder nach dem Abladen des Fahrzeuges/Behälters von der Waage übernommen werden.

Anschließend wird der Preis für die Anlieferung berechnet, die Verwiegung gespeichert und – sofern gewünscht – ein Wägebeleg oder eine Quittung ausgedruckt. Auch die Ausgabe der Daten auf Fernanzeigen ist möglich.

Eventuell notwendige Neueinträge von Fahrzeugen, Beförderern oder Erzeugern sind jederzeit möglich, ohne das Anlieferungsprogramm zu verlassen.

Bei der Eingabe von Beförderern, Erzeugern oder Abfallschlüsselnummern wird der Benutzer durch entsprechende Auswahlfunktionen unterstützt.

Bei der Bedienung des gesamten ABAS®-Systems kann der Anwender auf eine On-line-Hilfe zurückgreifen. Dabei wird zum jeweils aktuellen Eingabefeld angezeigt, welcher Zweck mit der Eingabe verfolgt wird und welche Möglichkeiten zur Auswahl stehen. So kann auch ein ungeübter Benutzer ohne langes Suchen im Handbuch mit dem ABAS®-System arbeiten.

Die Verarbeitung von Ablieferungen (z. B. von Schlacke bei Müllverbrennungsanlagen) erfolgt nach einem analogen Schema mit einigen Unterschieden. Anstelle des Erzeugers wird hier der Entsorger oder Verwerter erfragt. Bei Hin- und Rückwiegung kann die Reihenfolge der Verwiegung von Brutto- und Leergewicht wechseln.

5   Auswertemöglichkeiten

Das ABAS®-System bietet sowohl eine Reihe von Standardauswertungen als auch Spezialauswertungen, die nach den Wünschen eines Kunden programmiert werden und jeweils nur bei diesem Kunden zum Einsatz kommen.

Alle Auswertungen lassen sich für frei wählbare Zeiträume erstellen. Die Ausgabe erfolgt wahlweise auf den Bildschirm, auf den Drucker oder in eine Datei zur Weiterverarbeitung (Tabellenkalkulation, Textverarbeitung usw.).

Beispielhaft ist eine Mengenübersicht über ein- und ausgehende Stoffe an einer Müllverbrennungsanlage angegeben (s. unten).

6   ABAS®plus – Funktionalitäten am Beispiel der Entsorgungsnachweise

Mit der Einführung von ABAS®plus mit grafischer Benutzeroberfläche wurde die Bedienung des ABAS®-Systems weiter vereinfacht.

Bei der Erfassung von umfangreichen Formularen (Entsorgungsnachweise usw.) wird die Bearbeitungszeit durch den wahlfreien Zugriff auf die einzelnen Datenfelder deutlich verkürzt.

Weiterhin wurde die Unterstützung bei Dateneingaben durch die Verwendung von Auswahllisten im Vergleich zur alphanumerischen Oberfläche noch deutlich verbessert. Statt Abfallschlüsselnummern oder Kundennummern auswendig zu wissen oder ausdrucken zu müssen, kann der Anwender per Mausklick die entsprechenden Daten aus einer Liste in das bearbeitete Formular übernehmen.

Wie Abb. 3 zeigt, wurden die Eingabemasken in den meisten Fällen den entsprechenden Gegenstücken der Formulare auf Papier nachgebildet. Selbst ein in ABAS®plus ungeschulter Mitarbeiter, der über die notwendigen Vorkenntnisse bei der Bearbeitung von z. B. Entsorgungsnachweisen verfügt, findet auf dem Bildschirm ein vertrautes Bild wieder.

Dies erleichtert neuen Benutzern die Einarbeitung und macht die Programme an vielen Stellen selbsterklärend.

Mit der Einführung der grafischen Oberfläche für ABAS®plus war gleichzeitig die Einführung neuer Entwicklungswerkzeuge verbunden.

Mengenübersicht vom 01.01.93 bis zum 31.12.93
gedruckt am 10.10.94 um 15:38 Uhr -- Seite 1

A. Abfallaufkommen

Kommunalfahrzeuge	370027.570 t	
Monatliche Anlieferer ohne Wägebeleg	16799.530 t	
Monatliche Anlieferer mit Wägebeleg	99772.730 t	
Barzahler mit Wägebeleg	6391.020 t	
PKW-Anlieferungen	650.350 t	

Anlieferungen	493641.200 t	493641.200 t
Verlagerungen		455.000 t

Summe der Anlieferungen und Verlagerungen		494096.200 t

Summe der Anlieferungen und Verlagerungen		
	494096.200 t	
abzüglich Verlagerungen	0.000 t	
abzüglich Umlagerungen	46745.410 t	
	------------	
entsorgt wurden	447350.59 t	**447350.590 t**
		============

B. Reststoffaufkommen (Ablieferungen)

Metallschrott	713.400 t	
Flugstaub	10674.600 t	
Staub aus Kesselreinigung	360.850 t	
Sandfangrückstände	623.100 t	
Filterkuchen	1349.100 t	
Schlacke	145869.100 t	
Gipsabfälle	953.250 t	
Überlaufmengen G.f.S.	5230.750 t	
Brennbare Brandrückstände	255.850 t	
Brandrückstände (geschreddert)	215.500 t	

Summe aller Reststoffe	166245.500 t	**166245.500 t**
		============

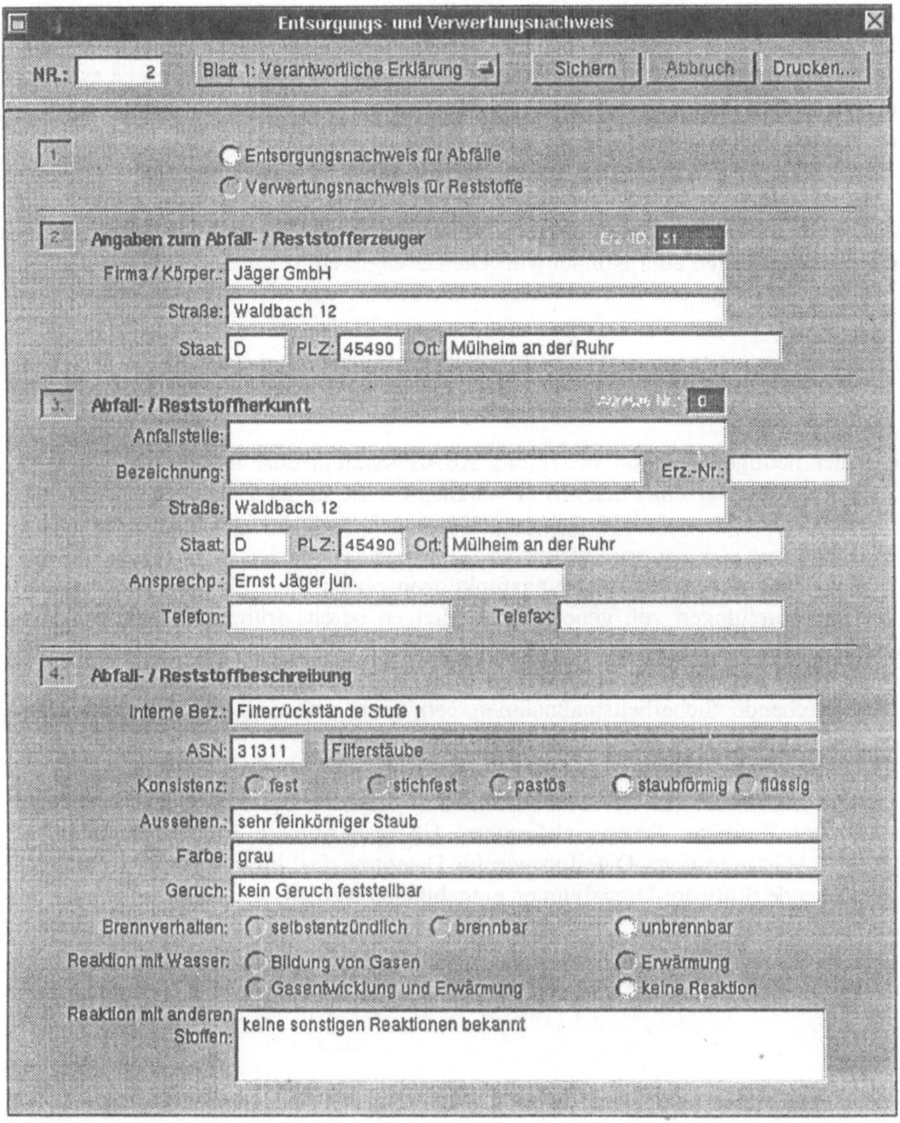

Abb. 3. Bearbeitung von Entsorgungsnachweisen

Das hier verwendete NEXTSTEP ist eine vollständig objektorientierte Fensteroberfläche auf der Basis des UNIX-Betriebssystemes, die für unterschiedliche Plattformen vom PC bis zur Workstation zur Verfügung steht. Dadurch ist es möglich steigenden Anforderungen an die Hardware nachzukommen, ohne die Programmumgebung verändern zu müssen.

Mit dem Einsatz dieser Werkzeuge ist es möglich, die Entwicklungszeiten für neue Software-Komponenten deutlich zu verringern und so noch schneller auf geänderte Vorschriften oder Kundenwünsche zu reagieren.

7   Zusammenfassung

In seiner heutigen Version bietet das ABAS®-System eine integrierte Standardlösung für die unterschiedlichsten Geschäftprozesse in der Entsorgungswirtschaft unter Abdeckung bestehender Gesetze.

Die umfangreichen Überwachungsfunktionen bieten die Möglichkeiten, eventuelle Überschreitungen von genehmigten Mengen bereits frühzeitig vorherzusagen und entsprechende Gegenmaßnahmen zu treffen.

Weitreichende Sicherheitsmaßnahmen verhindern unbefugte Datenmanipulationen und führen Protokolle über befugte Änderungen.

Durch die vielfältigen Datenschnittstellen zu fremden Systemen (ASCII-Dateien bestimmter Formate. Datenbankformate, Übergabeformate für Tabellenkalkulationen, LAGA-normierte Dateiformate für Datentransfer) kann ABAS® problemlos in bestehende Software-Umgebungen eingebunden werden.

Spezielle Anforderungen einzelner Anwender sind kurzfristig realisierbar und können problemlos in das Gesamtsystem eingebunden werden.

8   Ausblick

Heute und in Zukunft wird das ABAS®-System fortwährend gepflegt, um sowohl alle gesetzlichen Anforderungen als auch die Bedürfnisse der unterschiedlichen Benutzer (Erzeuger, Beförderer, Verwerter, Entsorger und Aufsichtsbehörden) zu erfüllen.

Für das kommende Jahr sind unter anderem folgende Erweiterungen geplant:

- Auftragsverwaltung
  (für Entsorger und Beförderer),
- Tourenplanung,
- Abfallberatungssystem
  (auch mobil),
- Verwaltung von Sondermüllzwischenlagern,
- Tonnenabrechnung,
- Erfassung von Prozeß- und Anlagendaten an Verbrennungsanlagen und
  Deponien,
- Sperrmülldisposition,
- Unternehmensdatenmodellierung von Verwertungs- und
  Entsorgungseinrichtungen.

Informationssystem für ein Reststoffezentrum – Unterstützung des betriebsinternen Abfall- und Reststoffmanagements

Georg Becker

1 Einleitung

Im Herbst 1991 wurde PSI durch die Boehringer Mannheim GmbH mit der Konzeption und Realisierung eines DV-Systems zur Unterstützung des betriebsinternen Abfall-/Reststoffmanagements beauftragt. Dieses System wurde im Frühjahr 1993 durch den Auftraggeber abgenommen und wird im Reststoffezentrum (RSZ) genutzt.

Die folgenden Fragen sollen in diesem Beitrag beantwortet werden:

– Was leistet das System ?
– Wie werden diese Leistungen dem Anwender präsentiert ?
– Wie wurde das System gebaut ?

Als erstes soll der Nutzen des Systems näher erläutert werden: seine Struktur, die unterstützten Arbeiten und die Art und Weise, in der die Leistungen dem Anwender bereitgestellt werden. Mit der zweiten Frage konzentrieren wir uns auf die Bedienoberfläche, da Leistungen im wesentlichen nur über sie für den Anwender verfügbar sind. Ihre Qualität ist mitentscheidend für den gesamten Nutzen eines DV-Systems. Mit der dritten Frage lenken wir unser Augenmerk auf technische Merkmale des Systems und seine Entwicklung.

2 Leistungen des RSZ-Systems bei der Boehringer Mannheim GmbH (Was leistet das System ?)

Zentrale Aufgabe des Reststoffezentrums bei Boehringer Mannheim ist die Bündelung der innerbetrieblichen Abfall-/Reststoffströme, um sie einer geeigneten Verwertung/Entsorgung zuzuführen. Übergreifende Zielstellung ist hierbei, Verwertungspotentiale aufzudecken und Transparenz bei den Abfall-/Reststoffströmen zu erzielen.

Neben den technischen und baulichen Einrichtungen zur Umsetzung dieses Ziels wurde ein EDV-System konzipiert und realisiert. Dieses RSZ-System leistet die notwendige Unterstützung bei den vielfältigen Aufgaben im Rahmen des Abfall-/ Reststoffehandlings. Folgende operationalen Schwerpunkte gibt es:

- Anträge zur Genehmigung der Entsorgung und Verwertung:
  Erstellen und Verwalten von Entsorgungs-/Verwertungsnachweisen,
  Vereinfachten Entsorgungsnachweisen und Bauschuttanträgen einschließlich
  der erforderlichen Analysenverwaltung;
- Vorbereitung der Entsorgung:
  Erstellen und Verwalten von Begleitscheinen und Lieferscheinen
  einschließlich der Erfassung von Ist-Größen (Mengen, Kosten);
- Aufgabenbezogene Lagerverwaltung:
  Transparenz in den Stoffbewegungen und Bündelung der Abfall-/
  Reststoffmengen einschließlich einer Containerverwaltung;
- Planung und Kontrolle:
  Durch ein festgelegtes organisatorisches Verfahren (SiT) werden Abfall-/
  Reststoffe zeitlich und mengenmäßig geplant und kontrolliert. Auswertungen
  (Soll-/Ist-Vergleiche) sind Schritte auf dem Weg zum Öko-Controlling;
- Integration mit bestehenden Systemen:
  Informationsaustausch mit dem SAP-System, Datenübernahme aus der
  zentralen Gefahrstoffdatenbank und Anschluß an das bestehende
  Laborinformationssystem.

Die einzelnen Themenschwerpunkte gliedern sich wieder in eine Vielzahl von Funktionen, von denen hier nur einige wenige stellvertretend erwähnt seien. Der Menübaum des Gesamtsystems ist in den Abbildungen 1 und 2 dargestellt.

Übergreifendes Ziel dieser strategischen Unternehmensentscheidung zur Einrichtung eines innerbetrieblichen Reststoffezentrums (RSZ) ist der effiziente Umgang mit Abfällen/Reststoffen im Hinblick auf derzeitige und zukünftige gesetzliche Anforderungen z. B. durch das Abfallgesetz (AbfG) oder die Abfall-/Reststoffüberwachungs-Verordnung (AbfRestÜberwV). Um diese Zielvorgaben umzusetzen, müssen eine Vielzahl von Informationen verarbeitet werden. Hierbei bilden die *verursachergerechte Kostenzuordnung* und die *Erfassung der Abfall-/Reststoffströme* den Kern der Informationsverarbeitung.

Durch geeignete Schnittstellen zum innerbetrieblichen Finanz- und Rechnungswesen werden die Grundlagen für ein wirkungsvolles *Öko-Controlling* geschaffen.

Es sei besonders auf die Bandbreite der zu erfüllenden Aufgaben hingewiesen, die sich aus dem Ziel der verursachergerechten Kostenverfolgung und gleichzeitiger Bündelung der Abfälle/Reststoffe ergibt. Es müssen geeignete Stammdaten über Stoffe, Art und Häufigkeit des Vorkommens und über Lagerungsmöglichkeiten und Lagerbestände geführt werden.

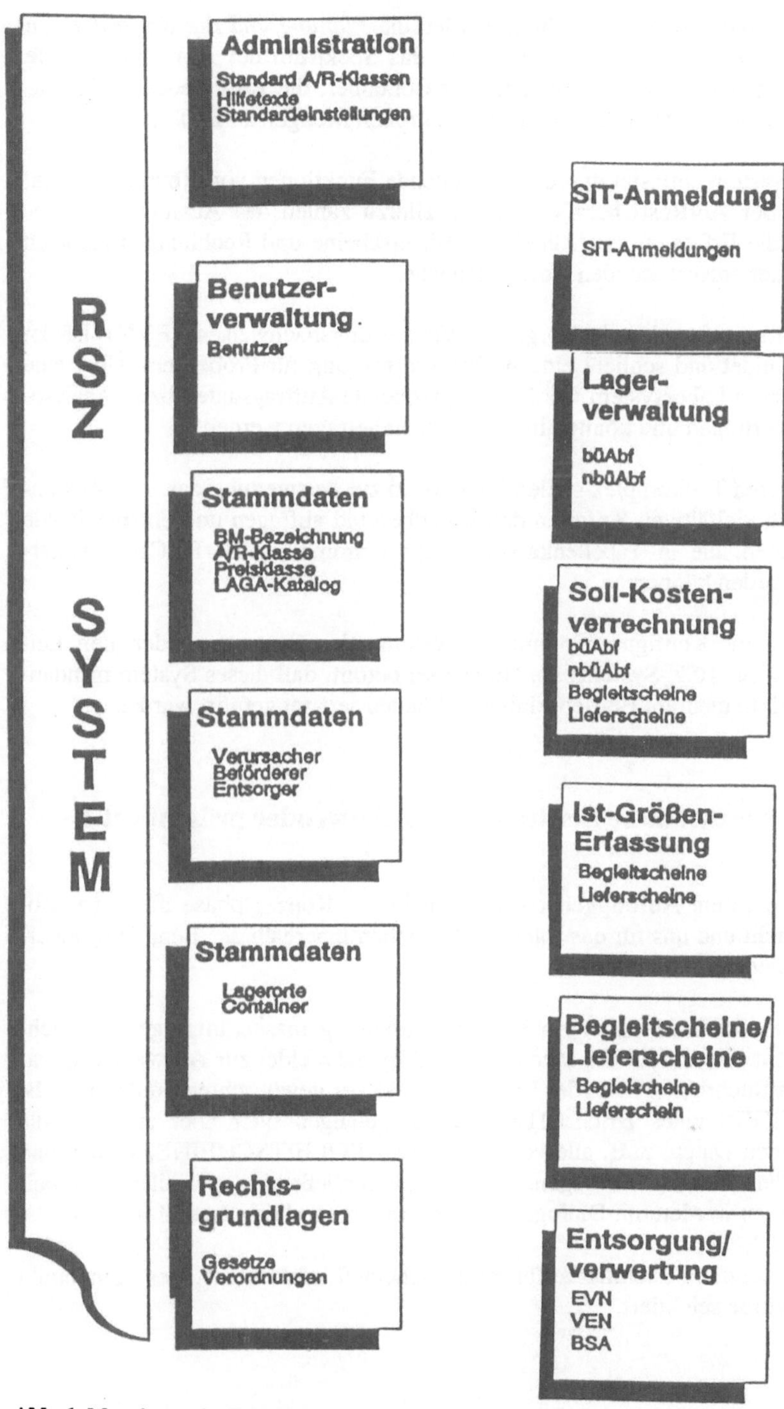

Abb. 1. Menübaum des RSZ-Systems

Durch das innerbetriebliche Verfahren werden die *Planung und die Kontrolle von Stoffbewegungen* unterstützt. Hierbei reicht das Spektrum der Abfälle/Reststoffe von Kleinmengen an Laborchemikalien über Container, die verschiedenen Kostenstellen zugeordnet werden können, bis hin zu großen Mengen an Bauschutt.

Das RSZ-System entlastet durch entsprechende Funktionen von Routinearbeiten, die sich aus der AbfRestÜberwV ergeben. Hierzu zählen das Ausfüllen der Begleitscheine, die Erfassung der Rückläufe, Lieferscheine und Rechnungen als auch die Führung der entsprechenden Nachweisbücher.

Das Verfahren für den Entsorgungs-/Verwertungsnachweises (EVN) ist im System abgebildet und schließt eine Auftragsverwaltung für Proben ein. Über eine Schnittstelle zum Laborsystem werden entsprechende Auftragsdaten bzw. Analyseergebnisse übertragen und können in den EVN eingetragen werden.

Einen weiteren Teilkomplex stellen Funktionen zur Auswertung dar. Der Anwender kann nach vielfältigen Kriterien den Datenbestand abfragen und entsprechende Listen erzeugen, die in Tabellenkalkulationsprogrammen, z. B. EXCEL, weiterverarbeitet werden können.

Funktionen zur Konfiguration und Verwaltung des Systems runden den Leistungsumfang des RSZ-Systems ab. Hierbei sei betont, daß dieses System mandantenfähig ist, d. h. mehrere Betriebseinheiten können separat geführt werden.

3   Wie werden diese Leistungen dem Anwender präsentiert ?

Gemeinsam mit dem Auftraggeber haben wir in der Konzeptphase die Arbeitsabläufe untersucht und uns für das folgende Vorgehen innerhalb der Benutzungsoberfläche entschieden.

Zu jedem Funktionskomplex gibt es eine Bearbeitungsmaske, im folgenden Suchmaske genannt. Sie enthält die Menüleiste und Eingabefelder zur Auswahl von Daten. In dieser Suchmaske kann der Benutzer direkt zur gewünschten Funktion, z. B. NEU ANLEGEN eines BEGLEITSCHEINS, gelangen oder aber zunächst die interessierenden Daten, z. B. alle vorgedruckten BEGLEITSCHEINE, suchen und das Datum der Übergabe eintragen. Diese sich anschließenden speziellen Verarbeitungsfunktionen werden mit Dialogen oder in Eingabemasken ausgeführt.

Abbildung 2 zeigt die Suchmaske für Begleitscheine/Lieferscheine. Der Menüpunkt ÄNDERN wurde selektiert.

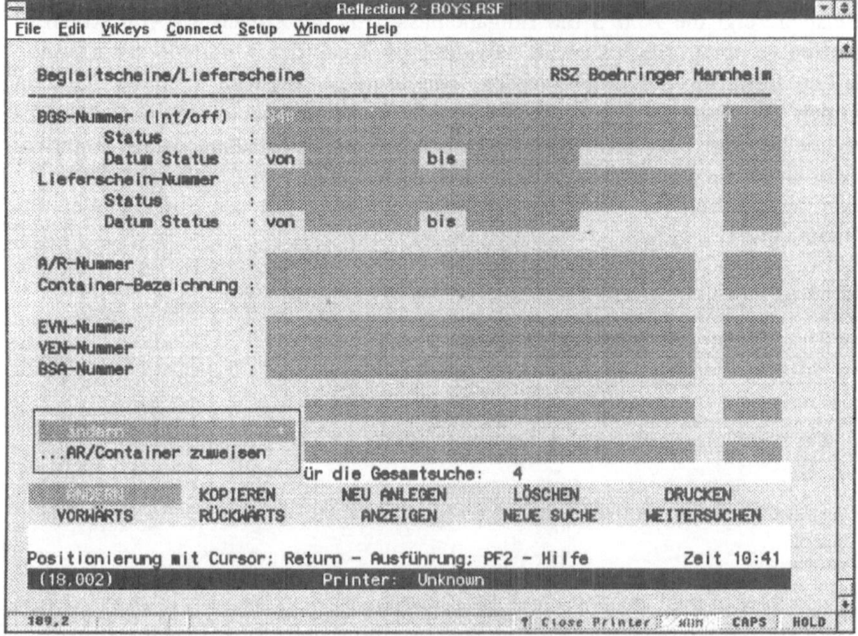

Abb. 2. Suchmaske Begleitschein/Lieferschein

In der Suchmaske können mehrere Suchbegriffe angegeben werden, nach denen der Datenbestand durchsucht werden soll. Diese verschiedenen Eingabemöglichkeiten erlauben eine flexible Auswahl der Information. Zur Erleichterung wird die Anzahl der gefundenen Datensätze am rechten Bildrand angezeigt. Mit Hilfe der Anzeigefunktion kann sich der Anwender die gefundenen Daten anschauen und dann im Einzelfall eine weitere Funktion aufrufen.

Um die Arbeit mit dem System zu vereinfachen, wurden die folgenden Grundfunktionen in allen Suchmasken einheitlich definiert:

- DRUCKEN
- VORWÄRTS/RÜCKWÄRTS (Blättern)
- ANZEIGEN
- NEUE SUCHE
- WEITERSUCHEN

Über diese Funktionen hinaus finden sich folgende Funktionen in den meisten Suchmasken :

- ÄNDERN
- KOPIEREN
- NEU ANLEGEN
- LÖSCHEN

Als Beispiel zeigt die Abb. 3 die Eingabemaske für die Zuweisung von Abfällen/ Reststoffen zu einem Begleitschein. Lediglich die Liste der Abfälle/Reststoffe muß durch den Benutzer aufgefüllt werden. Die übrigen Angaben stellt das System zusammen. Die Auswahl der möglichen Abfälle/Reststoffe richtet sich nach den Angaben, die in dem entsprechenden Entsorgungs-/Verwertungsnachweis hinterlegt sind. Zur Unterstützung der Eingabe werden diese zulässigen Abfälle dem Benutzer in einem temporären Auswahlfenster angeboten. Diese Art der Eingabeunterstützung nennen wir Pickup.

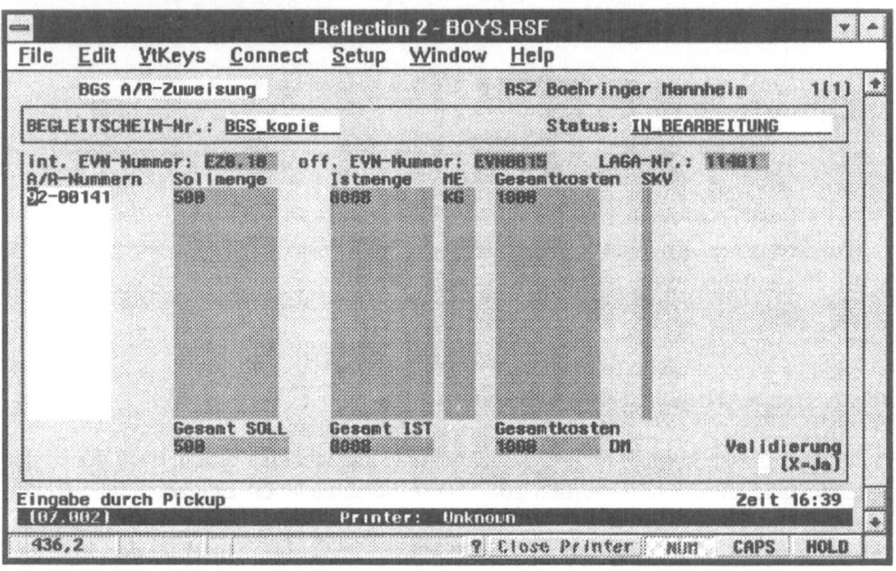

Abb. 3. Begleitschein Rücklauf 1 (4)

Wesentlicher Aspekt für dieses Informationssystem ist die Konsistenz des Datenbestandes. Aus diesem Grund werden in allen Eingabemasken entsprechende Plausibilitätsprüfungen durchgeführt.

Benutzereingaben werden, soweit möglich, durch die Pickup-Funktion unterstützt. Hierbei kann der Anwender aus der Menge der zulässigen Angaben die gewünschte Angabe auswählen.

4   Wie wurde das System gebaut ?

Das RSZ-System wurde als Entwicklungsprojekt durch Mitarbeiter der PSI aus dem Bereich Umweltschutz gemeinsam mit der Boehringer Mannheim GmbH entwickelt. Die durchgeführten Arbeiten sind den folgenden Projektphasen zuzuordnen:

- Analysephase (Erstellung eines Lastenheftes),
- Architekturphase (Erstellung eines Pflichtenheftes),
- Designphase,
- Implementierungs- und Testphase,
- Inbetriebnahmephase.

Auf der Grundlage eines Basisfachkonzeptes (Pflichtenhefts) wurden drei Themenblöcke gebildet, um durch ein paralleles Vorgehen Zeitvorteile zu erreichen. Diese Aufteilung war möglich, da es sich um entkoppelte Themengebiete handelte oder eine entsprechende Schnittstelle zuvor festgelegt worden war.

Da aber mit einem solchen Reststoffezentrum für beide Partner Neuland beschritten wurde, verwundert es nicht, daß im Rahmen der Teilprojekte Erkenntnisse z. B. über organisatorische Abläufe gefunden wurden, die zum Zeitpunkt des Basisfachkonzeptes noch nicht vorlagen. Rückblickend hat dieses Vorgehen keine wesentlichen Vorteile erbracht. Daher befürworten wir heute eine strikte Trennung der einzelnen Projektphasen.

Die Konzeptarbeit wurde in mehrtägigen Workshops durchgeführt. Die Ergebnisse wurden in textueller Form niedergelegt. Zusätzlich wurden Abläufe und Masken mit grafischen Mitteln beschrieben. Dazu wurde ein CASE-Tool mitverwendet.

Das RSZ-System wurde auf einem VAX-Rechner der Firma Digital Equipment Corporation mit dem Multiuser-Betriebsystem VMS realisiert. Einzelheiten über die eingesetzte Hard- und Software zeigt Abb. 4.

Alle Daten werden in dem Retrieval-System TRIP gehalten, das aufgrund der Volltextrecherche vielfältige Möglichkeiten der Datenhaltung und Datenmanipulation bietet.

An den Arbeitsplätzen werden PCs unter MS-Windows eingesetzt. Alle PCs sind über Ethernet mit dem VAX-Rechner verbunden, so daß neben dieser Anwendung auch Standardapplikationen, z. B. Textverarbeitung, an diesen Arbeitsplätzen genutzt werden können.

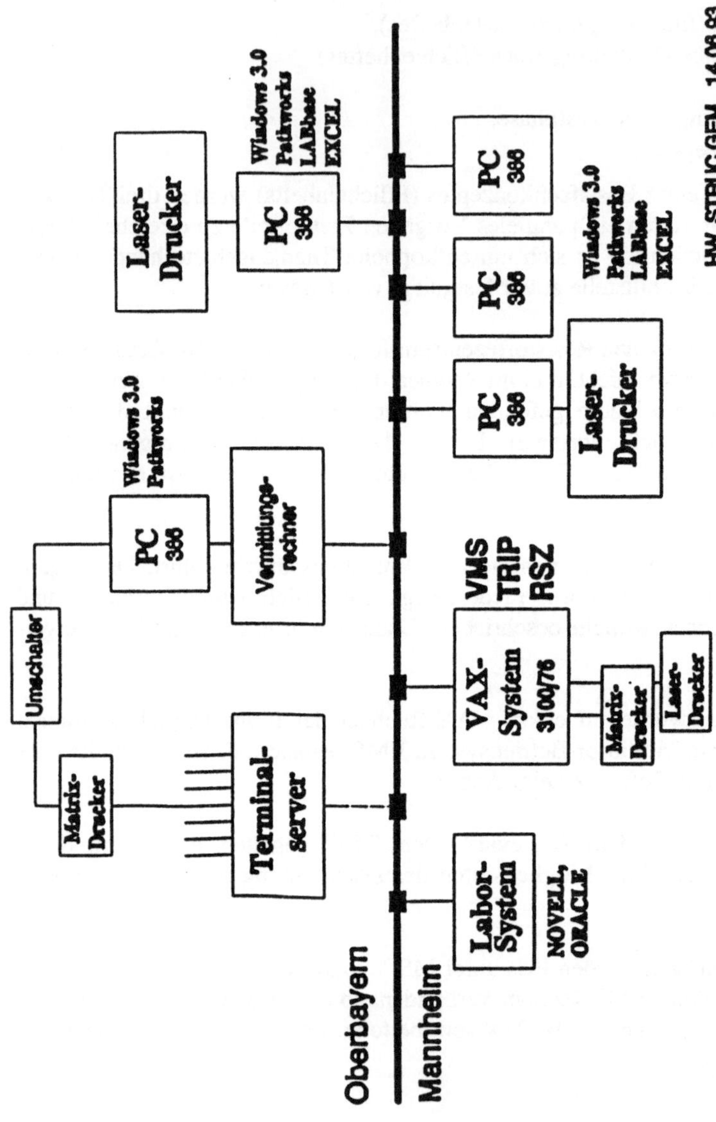

Abb. 4. Struktur des RSZ-Systems

Informationssystem für ein Reststoffezentrum – Unterstützung des betriebsinternen Abfall- und Reststoffmanagements bei der Boehringer Mannheim GmbH

Helmut Bitsch

1 Einleitung

Ende 1988 wurde im zentralen Arbeitskreis Umweltschutz beschlossen, daß ein Prüfungsausschuß einberufen wird, der die zukünftige Wiederverwertung und Entsorgung von Reststoffen und Abfällen beurteilen soll. Zunächst wurden aufgrund der Recycling- und Abfallstatistik unter Einbeziehung der Entsorgungsengpässe in Baden-Württemberg die Schwerpunkte definiert. Nach der Erstellung des Zielplanungsberichtes wurde die Konzeptplanung freigegeben. Mitte '89 erfolgte die erste Projektbesprechung zur Konzeptplanung mit der Gründung von sechs Arbeitsgruppen entsprechend den Reststoffkategorien. Im April 1990 wurden die Genehmigungsunterlagen bei den Behörden eingereicht. Die abfallrechtliche Genehmigung wurde im April 1991 erteilt. Mitte '92 konnte das Reststoffzentrum in Betrieb genommen werden (Abb. 1). Die Funktionen des Reststoffzentrums sind:

1. Allgemeine Funktion:

- Zentrale Drehscheibe der BM-Reststoffewirtschaft,
- zentrale Anlaufstelle (fachliches Know-how) für alle Abfall-/Reststofffragen,
- Erfüllung aller Bedingungen nach der TA Abfall einschließlich Verwertungsphilosophie,
- Datenverarbeitung als Vorleistung für ein Öko-Controlling,
- Löschwasserrückhaltemöglichkeit.

2. Dienstleistungen:

- Erstellung von Entsorgungs-/Verwertungsnachweisen,
- Aufzeigen/Auffinden von Entsorgungs-/Verwertungswegen,
- Beratung der BM-Verursacher,
- Veranlassung einer analytischen Beurteilung,
- Erfassung der Kosten und verursachergerechte Einordnung,
- zentrale Anlaufstelle für in- und externe Ansprechpartner,
- Führen des gesetzlich vorgeschriebenen Abfallnachweisbuches,

- Erkennen von Verwertungspotentialen,
- Erfassung aller Abfall-/Reststoffdaten,
- Bereitstellen von Statistiken für in- und extrene Zwecke.

3.   Behandlung von Reststoffen im RSZ:

- Sterilisation von humanmaterialhaltigen Abfällen, Bereitstellung der Sammelwagen in den Abteilungen,
- Shreddern, Desinfizieren von Altgeräten,
- Sortieren/Verwerten von Styropor und anderen Kunststoffarten,
- Aufnahme und Sortierung von kleinen Mengen an unterschielichen Laborchemikalien,
- Verpressen, Verwerten von Kartonagen,
- Zerstören von vertraulichen Materialien nach Vorgaben des Datenschutzes,
- Pressen von Fässern.

Die wichtigsten Gründe zur Errichtung eines Reststoffezentrums mit einem Investitionsvolumen von 6,4 Mio. DM waren:

1.   Die Einstellung von Boehringer Mannheim zum Umweltschutz

Bei Boehringer Mannheim wurden die Grundsätze zu Arbeitssicherheit und Umweltschutz über die Geschäftsführung verabschiedet und allen Mitarbeitern zur Kenntnis gebracht. Diese Grundsätze stellen die Basis für alle umweltschutz- und sicherheitsrelevanten Anweisungen dar. Für die Wiederverwertung und Entsorgung gilt die Sicherheitstechnische Anweisung Nr. 5. Hier werden die Verwertungs- und Entsorgungswege aller bei Boehringer Mannheim anfallenden Reststoffe bzw. Abfälle beschrieben. Mit Inbetriebnahme des Reststoffzentrums als zentrale Anlaufstelle können alle Bedingungen der Grundsätze und der sicherheitstechnischen Anweisungen erfüllt werden.

2.   Gesetzliche Grundlagen

Um die Forderungen des Abfallgesetzes und die dazugehörigen Anleitungen (TA Abfall) erfüllen zu können, ist eine sortenreine Sammlung und Vorbehandlung der Reststoffe erforderlich. Eine zentrale Anlaufstelle ist hier teilweise eine zwingende Voraussetzung.

3.   Transparenz

Sie erfordert für interne und externe Zwecke, nicht zuletzt auch für eine verursachergerechte Kostenzuordnung, ebenfalls eine zentrale Anlaufstelle. Neben der Behandlung von Reststoffen werden im Reststoffezentrum die Abfallverursacher beraten, Entsorgungs- und Verwertungsvorgänge eingeleitet und alle abfall- und reststoffspezifischen Daten erfaßt (Tabelle 1). Die Bewältigung dieser Datenflut ist nur mit EDV-Unterstützung möglich (Abb. 2).

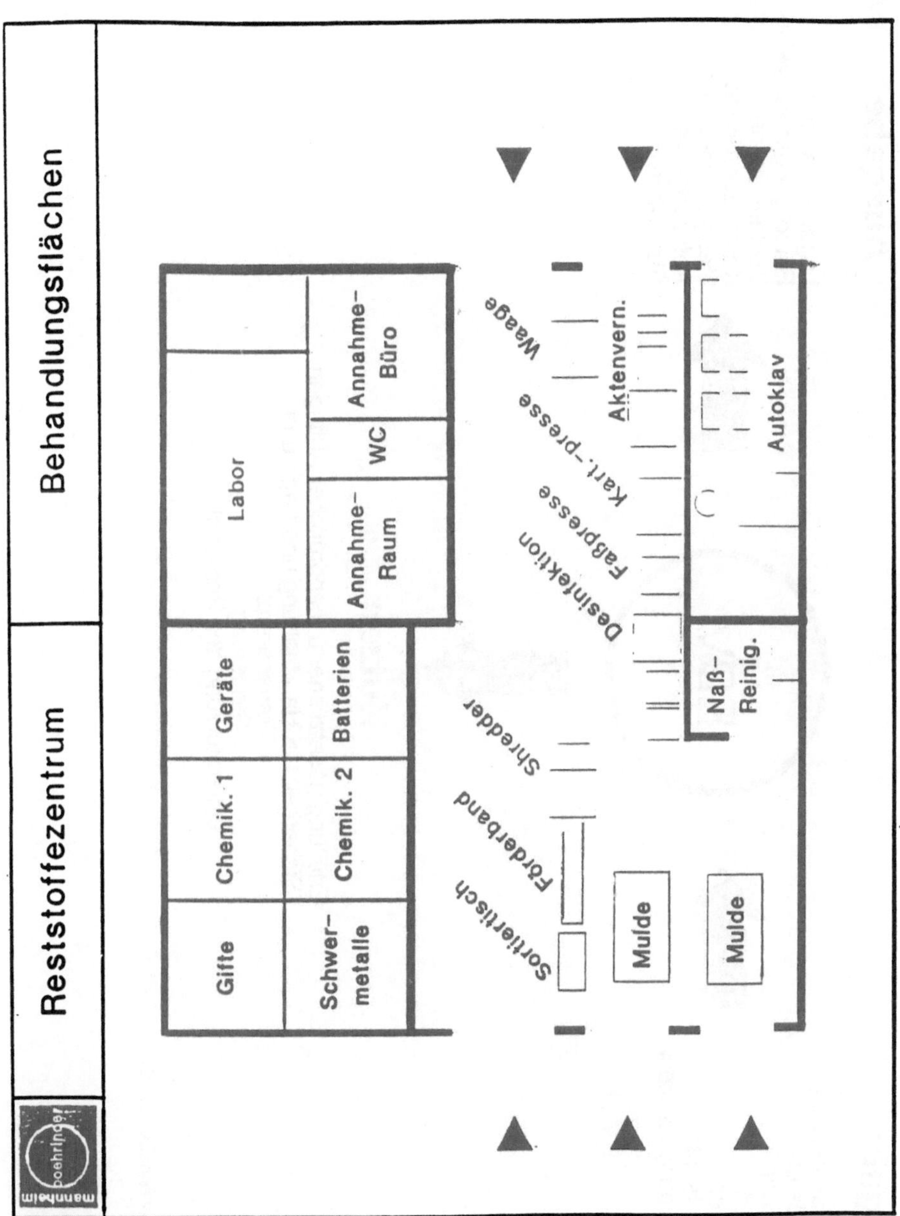

Abb. 1. Reststoffzentrum

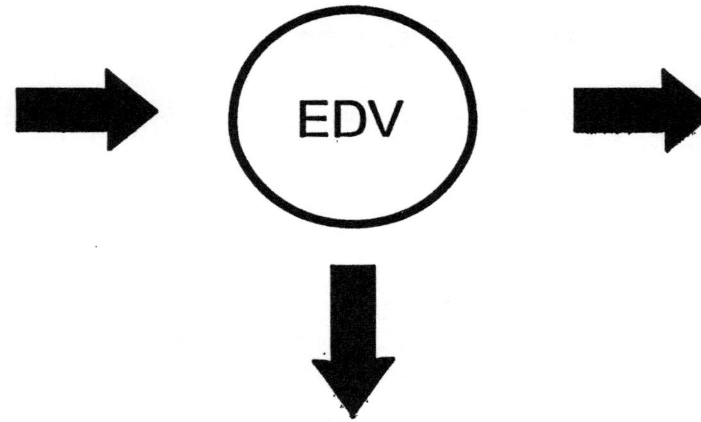

Abb. 2. Anwendung der EDV

Tabelle 1. Mengengerüst pro Jahr

Lieferscheine	ca.	2000
Begleitscheine	ca.	200
Containerbewegungen	ca.	10000
Lagerbewegungen	>	12000
Rechnungen	ca.	1000
Entsorgungsnachweise		150
(Verwaltung)		

2   EDV-Konzept

Dem EDV-Projekt ging eine Zieldefinition voraus, in der der Leistungsumfang grob beschrieben wurde. Parallel dazu wurde eine Marktanalyse durchgeführt. Wir mußten erkennen, daß ein EDV-System, das allen unseren Anforderungen genügt, nicht am Markt verfügbar war.

Angeboten wurde eine Vielzahl von EDV-Systemen, deren Anwendung eine Umorganisation der bei Boehringer Mannheim vorhandenen Abläufe oder einen Verzicht auf Teilfunktionen bedeutet hätte. Wir haben uns deshalb entschieden, eine auf die speziellen Bedürfnisse von Boehringer Mannheim angepaßte EDV entwickeln zu lassen.

Eingeleitet wurde dieses Projekt mit der Erstellung eines Pflichtenheftes. Um auch externes Know-how einfließen lassen zu können, wurde das Pflichtenheft gemeinsam mit einer externen Software-Firma erstellt. Die in dem Pflichtenheft beschriebenen Funktionen, Hardware-Voraussetzungen und Systemsoftware-Komponenten, wie z. B. Datenbanken, wurden als Projektziel vorgegeben. Es diente weiterhin als Ausschreibungsgrundlage für die in der Marktanalyse als potentielle Anbieter herausgefundenen Software-Häuser.

Nach Vorlage der Angebote wurden diese bewertet nach:

- Kosten, Umfang der Realisierung des Pflichtenheftes,
- vorhandenem Fachwissen,
- Pflegbarkeit des Systems,
- Erweiterungsfähigkeit,
- Datensicherheit.

Im Herbst 1991 wurde schließlich der Auftrag an die Firma PSI vergeben.

Es folgte die Phase der Fachkonzepterstellung, die sich wiederum in die Phasen Erstellung des Grobfachkonzeptes und Erstellung von drei Teilfachkonzepten gliederte. Bereits hier wurde der Forderung des Pflichtenheftes Rechnung getragen, daß das System modular aufgebaut sein sollte. Wurden im Grobfachkonzept noch alle Funktionen zwar grob, aber dennoch deutlich detaillierter als im Pflichtenheft beschrieben, so erfolgte in den Teilkonzepten die Darstellung als Programmiervorgabe.

Das Fachkonzept wurde gemeinsam zwischen Boehringer Mannheim und dem Auftragnehmer bearbeitet. Besondere Schwierigkeiten traten bei reststoffzentrumspezifischen Fragen auf, da das RSZ zu diesem Zeitpunkt noch nicht in Betrieb und die Abläufe zum Abfall-Handling teilweise nicht bekannt waren.

3   Einsatz des Systems

Der Einsatz des Systems soll nachfolgend an einer für Boehringer Mannheim typischen Entsorgungs-/Verwertungsaktion dargestellt werden.

Üblicherweise durchläuft ein zu entsorgender/verwertender Reststoff folgende Stadien:

- Anmeldung im Reststoffzentrum (Abb. 3),
- Klassifizierung,
- Lagerung,
- Suchen der Entsorgungs-/Verwertungswege,
- Beprobung,
- Erstellen des Entsorgungs-/Verwertungsnachweises,
- Erstellen des Begleitscheins/Lieferscheins,
- Ist-Größen-Erfassung,
- Kostenverrechnung,
- Recherchen.

4   Kostenverrechnung

Das EDV-System ist an den Großrechner von Boehringer Mannheim angeschlossen. Damit ist es möglich, Buchungssätze in SAP einzuspeisen.

Die Zyklen der Datenübertragung wurden monatlich festgelegt. Um eine für Kostenstellenverantwortliche vertretbare Informationsdichte zu erhalten, werden die Kosten immer auf der A/R-Klassenebene für die jeweiligen Funktionsbereiche zusammengefaßt.

Sicherheitstechnische Anweisung Nr. 5: Anlage 5 a
Interne Anmeldung zur Verwertung / Entsorgung von Reststoffen

(wird vom Reststoffezentrum ausgefüllt)

SiT-Nr.:   **Status:**

Bitte deutlich (Druckschrift) schreiben!

Name:	Reststoff-Bezeichnung:
Datum:......	......
Abt.-Kürzel:......	......
Abt.-Bez.:	......
Kostenstelle:......	......
Telefon-Nr.:	......
Telefax-Nr.:	......
Gebäude:......	......

Gesamtmenge pro Jahr: ......   einmalig ☐

Gefahrenhinweise		Farbe:......	
brennbar	☐	Aussehen:	
Explosionsgefahr durch Erhitzen	☐	Geruch:	
Explosionsgefahr durch chem. Reaktion	☐	Konsistenz:	
giftig	☐	dünnflüssig	☐
gesundheitsschädlich	☐	pastös / schlammig	☐
......	☐	fest	☐
......	☐	staubförmig	☐

Welche Schutzmaßnahmen sind beim Umgang mit dem Reststoff zu beachten?

......
......
......

Abb. 3. Interne Anmeldung zur Verwertung/Entsorgung von Reststoffen

Tabelle 2. Kosten für Abfälle und Reststoffe

Entsorgungskosten	
Transportkosten, extern	
Transportkosten, intern	
Abfallabgaben	
Dampf, Strom, Luft	
Gebäudeabschreibung	
Masch.-Abschreibung	
Wasser, Abwasser	
Personal	
Gebinde	
EDV (Pflege, Wartung)	
Analytik, intern	
Gebühren EVN	
Analytik, extern	
Org. bed. Kosten	
Bonus / Malus	
Fremdleistung (Wartung)	
Fremdleistung (Aushilfe)	
Summe	

Um den Aufwand der Kostenverrechnung in Grenzen zu halten, wurde vereinbart, Sollkosten zu verrechnen. Die Buchungssätze, die übertragen werden, sind somit lediglich das Produkt der Rechenoperation Menge multipliziert mit Kosten. Diese an sich einfache Operation setzt einen enormen organisatorischen und planerischen Aufwand voraus:

- Da sich die innerbetrieblich verrechneten Kosten aus vielen Einzelpositionen zusammensetzen, müssen die Gesamtkosten für jede Abfallreststoffart errechnet werden (Tabelle 2).

– Um Kosten an einen Leistungsempfänger verbuchen zu können, muß dieser entsprechende Kosten eingeplant haben.
– Da Entsorgungs- und Transportkosten teilweise mengenabhängig sind, müssen die im Planungsjahr zu entsorgenden Mengen bekannt sein.

Nur das Zusammenspiel all dieser Faktoren in einer nachweisbaren und mit den Kostenstellenverantwortlichen abgestimmten Form führt zu einer von allen Beteiligten mitgetragenen verursachergerechten Kostenzuordnung.

Die verusachergerechte Kostenzuordnung stellt einen wichtigen Anreiz zur Vermeidung und Verminderung von Abfällen und Reststoffen dar. Um diesen Effekt noch zu verstärken, wurde das Bonus-/Malus-System eingeführt. Das heißt, die internen Verrechnungspreise werden für umsortierte Reststoffe und Abfälle verteuert und die recyclinggerechten Getrenntsammlungen verbilligt im Vergleich zum tatsächlichen Preis. Zum Beispiel hat Hausmüll einen Malus-Anteil von 150.- DM/t. Damit wollen wir erreichen, daß weitere Recyclingsstoffe aus dem Hausmüll ausoriert werden. Verwertbares Holz erhält einen Bonus von 100.- DM/t (Tabelle 3).

5   Schlußbetrachtungen

Durch die Vielzahl der Anwendungen ist das EDV-System sehr komplex geworden. Da das System zusätzlich quasi als Prototyp aufgebaut wurde, waren die innerbetrieblichen Aufwände sehr hoch. Dieses System schafft die Grundlage für alle gesetzlichen und behördlichen Auflagen sowie für ein Öko-Controlling-System.

Im Mai 1993 wurde das System vollständig abgenommen. Danach wurden ausführliche Tests durchgeführt. Im Juli 1993 erfolgte die Übernahme der bereits 1993 vorhandenen Daten. Die verursachergerechte Kostenverrechnung für alle Reststoffe wurde am 01.01.1994 eingeführt.

Tabelle 3. Preisklassen des Bonus/Malus-Systems

Preis-klasse 1994	Preis (DM/t)	Bonus/ Malus	Abfall/Reststoff
1	85	0	Kesselschlacke Flugstaub
2	120	0	Schrott
3	170	0 + 30	Straßenkehricht Bauschutt
4	190	- 75 0 -10 0 0	Altglas Altpapier/Kartonagen Speisereste Extrahierte Pflanzenrückstände (Digitalis, Chinarinde mit Aktivkohle) Einstreumaterial, Kompostierung
5	200	0	Altöl
6	290	-35	Tierabfälle, Verwertung
7	300	0	Lösungsmittel, halogenfrei, BASF
8	400	-75	Alu-Röhrchen, leer PE-Röhrchen, leer
9	405	0	Grünabfälle
10	566	0	Isoliermaterial

Preis-klasse 1994	Preis (DM/t)	Bonus/ Malus	Abfall/Reststoff
11	610	0	Lösungsmittel, halogenfrei, WESTAB
12	700	- 100	Holz, verwertbar
13	750	- 212	Recycling ENTRA
14	760	0	Filterkies
15	820	+ 65 + 150	Einstreumaterial (MVA) Hausmüll
16	870	0	Filterhilfsmittel ohne schädliche Verunreinigungen
17	890	0	Altmedikamente
18	927	0	Lösungsmittel, halogenfrei, HIM
19	1025	0	Eternit/Asbest
20	1043	0	Kesselschlamm
21	1300	+ 160 + 42 0 0	ALU/PE-Folien Kunststoffe (PVC) Industrieabfälle, fest, brennbar Altpapier, vertraulich (RSZ, Container)

Preis-klasse 1994	Preis (DM/t)	Bonus/ Malus	Abfall/Reststoff
22	1400	0	Lösungsmittel, halogenhaltig, BASF
23	1545	0	Ionenaustauscher
24	1700	0 + 55	Abwasserschlamm Kunststoffe (ohne PVC)
25	1820	0	Alu-Röhrchen, gefüllt PE-Röhrchen, gefüllt
26	2035	0	Lösungsmittel, halogenhaltig (HIM)
27	3155	0	Produktionsabfälle TH-C
28	3603	0	Kunststoffe/ABS
29	3800	+ 129	Altpapier/Kartonagen (RSZ) Kunststoffe (RSZ)
30	4015	0	Produktionsabfälle, DD, TH-P, SQ
31	4141	0	Elektronikschrott ohne Humanmaterial
32	4210	0	Filterhilfsmittel mit schädlichen Verunreinigungen

Preis-klasse 1994	Preis (DM/t)	Bonus/Malus	Abfall/Reststoff
33	4300	0	Fixierer und Entwickler (RSZ)
		- 8990 - 3370 + 217	Kühlschränke (RSZ) Styropor (RSZ) ·Verpackungsmaterial, verunreinigt⁻
34	6155	0	Produktionsabfälle, SD (RSZ)
35	6500	+ 364	Hausmüll / Recycling ENTRA / Sperrmüll (RSZ) Altglas (RSZ) Altmedikamente (RSZ)
36	8350	0	Kühlschmiermittel (RSZ)
37	8750	+ 139 + 687 0	Batterien (RSZ) Werbemittel (RSZ) HBI-Teststreifenabfälle
38	9560	0	Abfälle, humanmaterialhaltig (RSZ)
39	10260	0	Kaltreiniger (RSZ)
40	11500	-24200	Leuchtstoffröhren (RSZ) Elektronikschrott, humanmaterialhaltig
41	38400	0	Abluftfilter, wirkstoffbeladen (RSZ)
42	45400	+ 885 0	Büromaterial (RSZ) Chemikalien (RSZ)

Sicherheit und Umweltschutz im Griff, mit A.U.G.E. und Z.U.G. – Die PC-Programme von Praktikern für Praktiker

Jochen Gedlich

Ein schneller Überblick, wo welche Mengen von Gefahrstoffen im Unternehmen eingesetzt sind?

Eine schnelle und effiziente Überwachung der gesetzlichen und behördlichen Auflagen beim Umgang mit Gefahrstoffen?

Für *A.U.G.E. (Arbeits- und Umweltbezogene Gefahrstofferfassung)* kein Problem.

Das PC-Programm steuert die Auswertung und Aufbereitung der notwendigen Daten und druckt die entsprechenden Sicherheitsdatenblätter, Betriebsanweisungen und auch Gefahrstoffetiketten aus. Das *A.U.G.E.-Modul Umweltschutz-Abfallwirtschaft* unterstützt den Anwender, Entsorgungsnachweise, Begleitscheine oder Abfalldatenblätter zu bearbeiten. Die erfaßten Daten können in einer Abfallbilanz ausgewertet werden.

Präventive Maßnahmen zur betrieblichen Unfallverhütung lassen sich mit dem PC-System *Z.U.G. (Zeitoptimierte Unfallbearbeitung und Gefährdungsanalyse)* schnell einleiten. Auf der Basis einer bedienerfreundlichen Datenerfassung startet *Z.U.G.* alle denkbaren Abfragen zur Unfallanalyse direkt am Computer. Die grafische Darstellung erhöht die Übersichtlichkeit der ausgewerteten Daten. Standardformulare zur Unfallmeldung werden direkt am PC bearbeitet und ausgedruckt.

A.U.G.E. und *Z.U.G.* sind leicht bedienbare und praxiserprobte Programme, die Verwaltungsarbeiten reduzieren und damit Kosten senken. Das PC-Programm *A.U.G.E.* ist mit dem Sicherheitspreis der Messe A+A ausgezeichnet worden.

A.U.G.E-Abfallwirtschaft: Statistische Auswertung

- Mengen und Kosten pro Abfallschlüssel,
- Mengen/Monat pro Abfallschlüssel,
- Mengen und Kosten pro Kostenstelle,
- Abfallnachweisbuch § 11 Abs. 2 AbfG,
- betriebliche Abfallbilanz z. B. nach § 5c LAbfG NRW,
- Übersicht Entsorgungs- und Verwertungsnachweise,
- Kostenprotokoll.

A.U.G.E., fester Bestandteil der betrieblichen Abfallwirtschaft

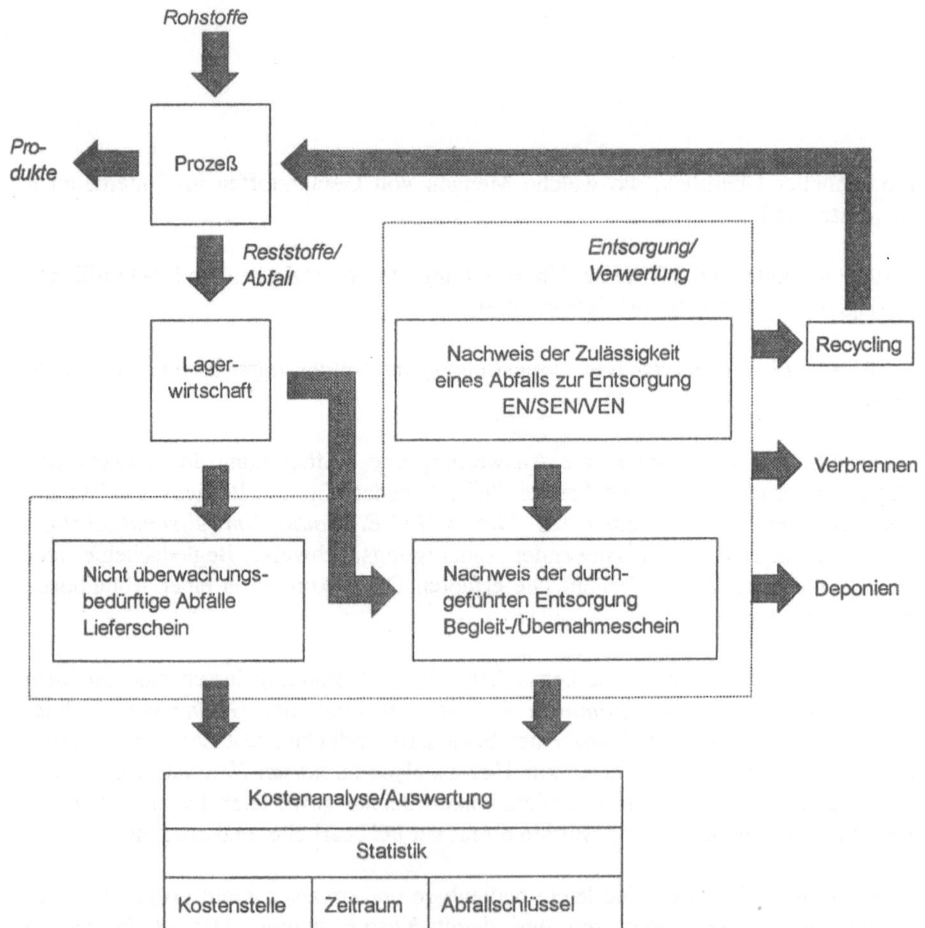

Lagerwirtschaft

Prozeß

Restsstoffe/Abfall

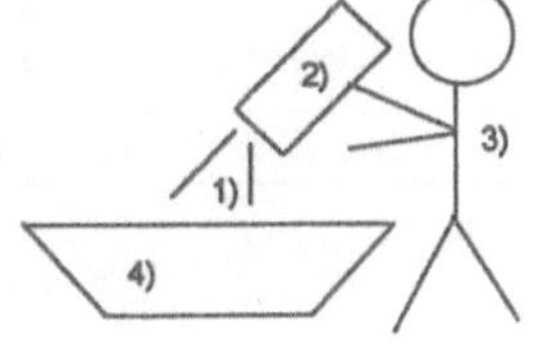

Entsorgung/Verwertung

Kenntnis über:

- Abfallschlüssel
- Kostenstellen
- Sammelstellen

Ablauf:

Menge erfassen in t oder m^3

Menge zuordnen -> Abfallschlüssel

                        -> Kostenstellen

                        -> Sammelstellen

Nachweis der Zulässigkeit eines Abfalls zur Entsorgung

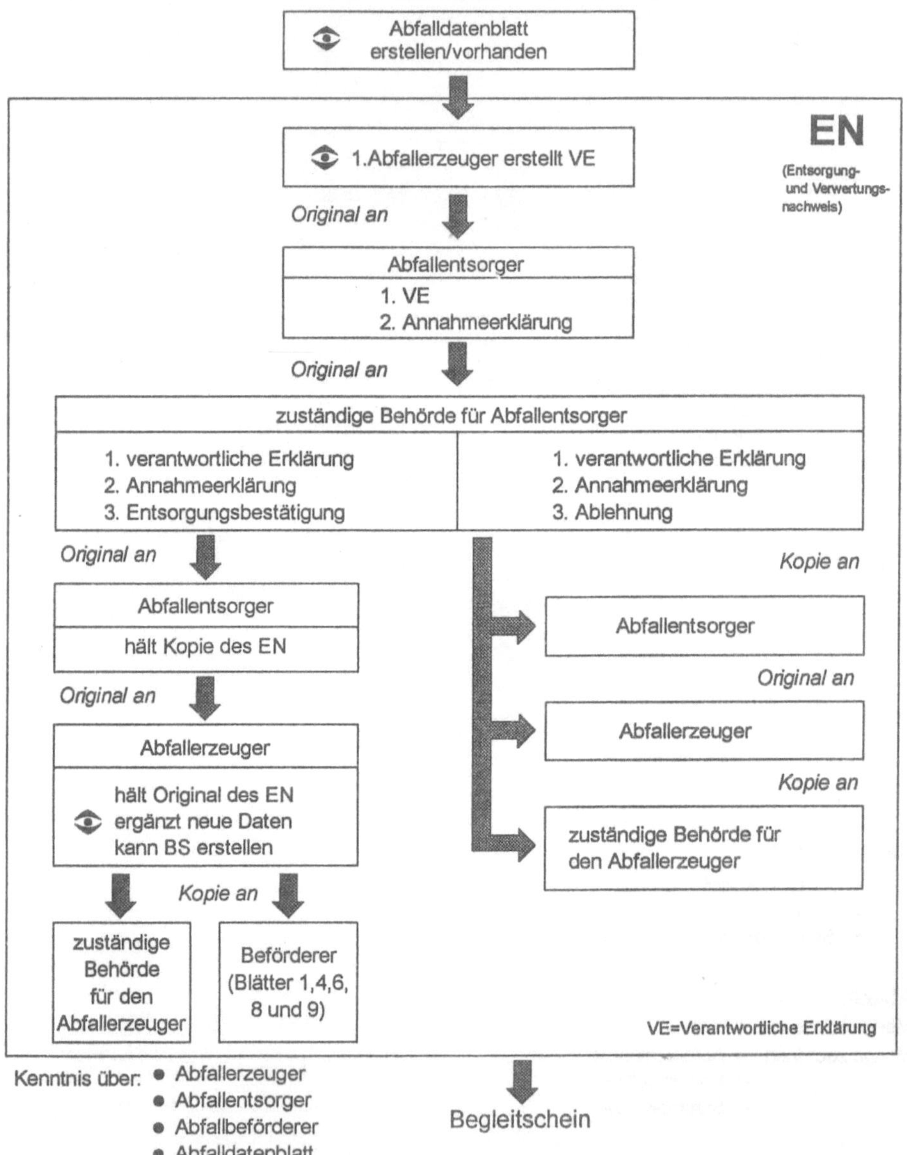

Nachweis der Zulässigkeit eines Abfalls zur Entsorgung

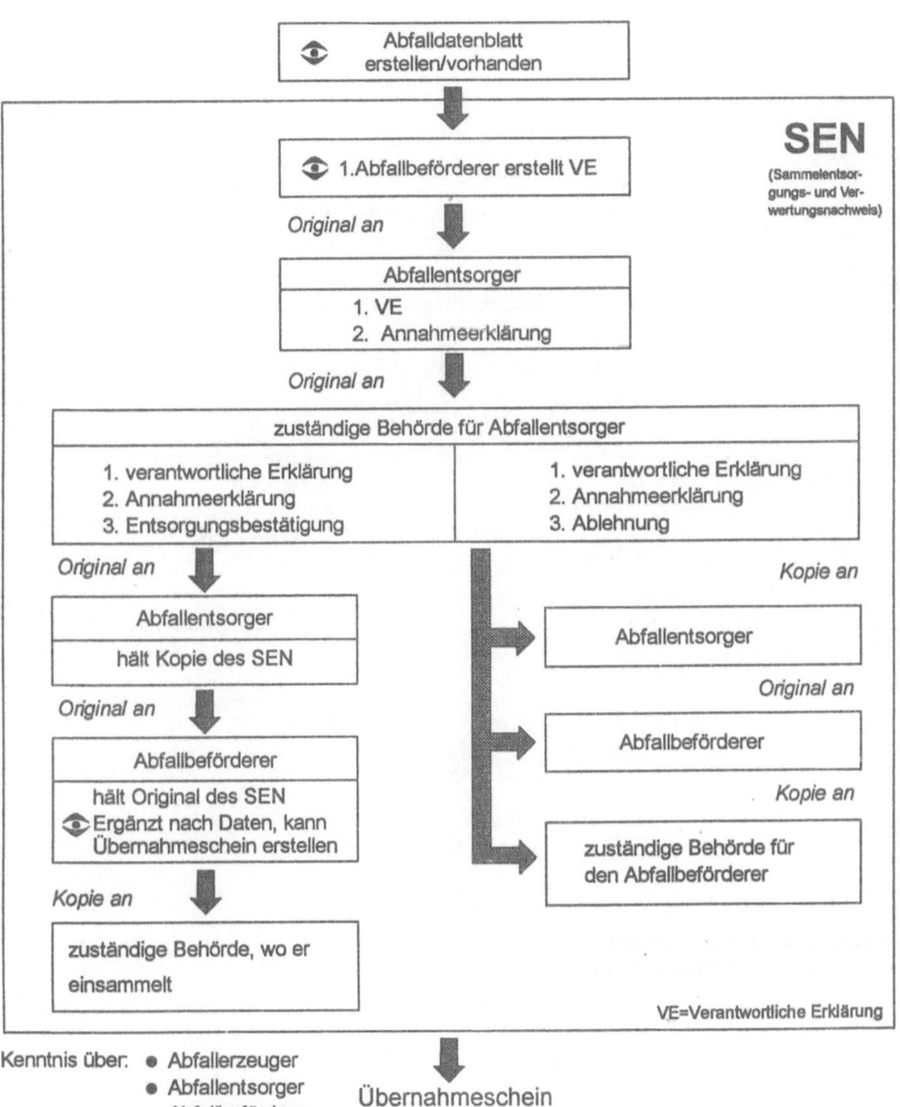

Nachweis der Zulässigkeit eines Abfalls zur Entsorgung

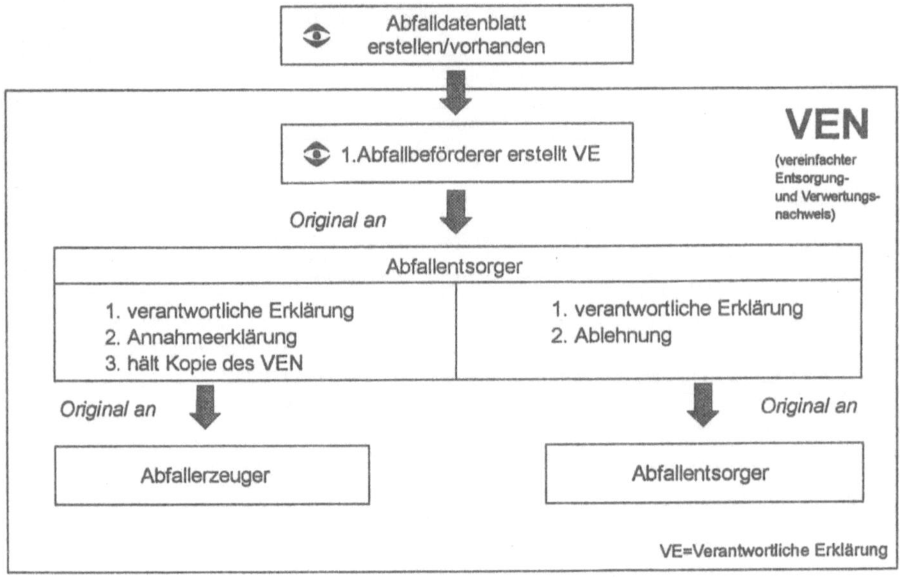

Nicht überwachungsbedürftige Abfälle

Lagerwirtschaft

Lieferschein erstellen

Bestand und/oder Bestände aus der
Lagerwirtschaft entnehmen

Kostenanalyse/
Auswertung

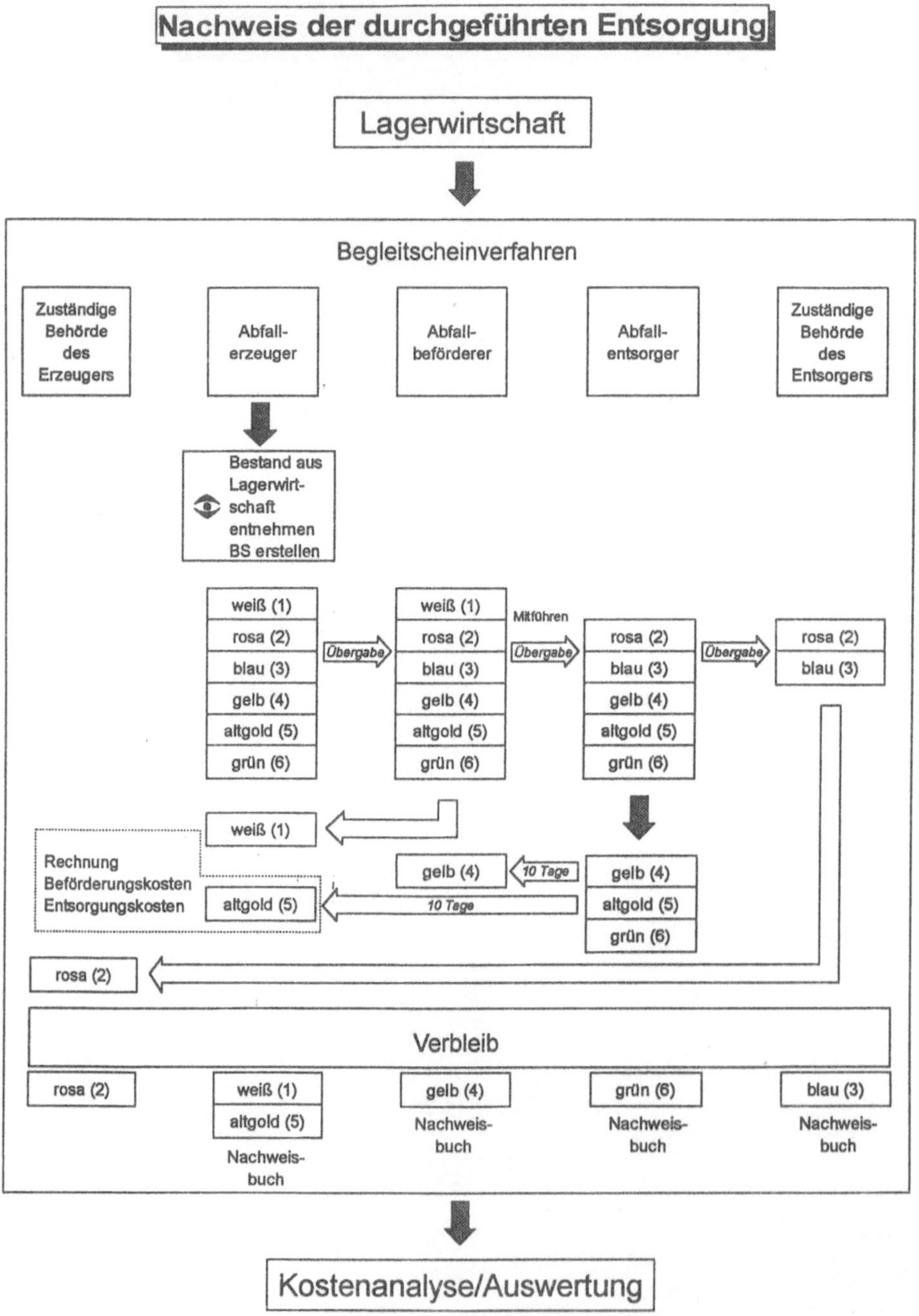

Nachweis der durchgeführten Entsorgung
Lagerwirtschaft
Begleitscheinverfahren
Zuständige Behörde des Erzeugers
Abfall-erzeuger
Abfall-beförderer
Abfall-entsorger
Zuständige Behörde des Entsorgers
Bestand aus Lagerwirt-schaft entnehmen BS erstellen
weiß (1)
rosa (2)
blau (3)
gelb (4)
altgold (5)
grün (6)
Übergabe
weiß (1)
rosa (2)
blau (3)
gelb (4)
altgold (5)
grün (6)
Mitführen
Übergabe
rosa (2)
blau (3)
gelb (4)
altgold (5)
grün (6)
Übergabe
rosa (2)
blau (3)
weiß (1)
Rechnung Beförderungskosten Entsorgungskosten
gelb (4)
10 Tage
altgold (5)
10 Tage
gelb (4)
altgold (5)
grün (6)
rosa (2)
Verbleib
rosa (2)
weiß (1)
altgold (5)
Nachweis-buch
gelb (4)
Nachweis-buch
grün (6)
Nachweis-buch
blau (3)
Nachweis-buch
Kostenanalyse/Auswertung

Nachweis der durchgeführten Entsorgung

Lagerwirtschaft

Übernahmeschein erstellen

Bestand und/oder Bestände aus der
Lagerwirtschaft entnehmen

Kostenanalyse/
Auswertung

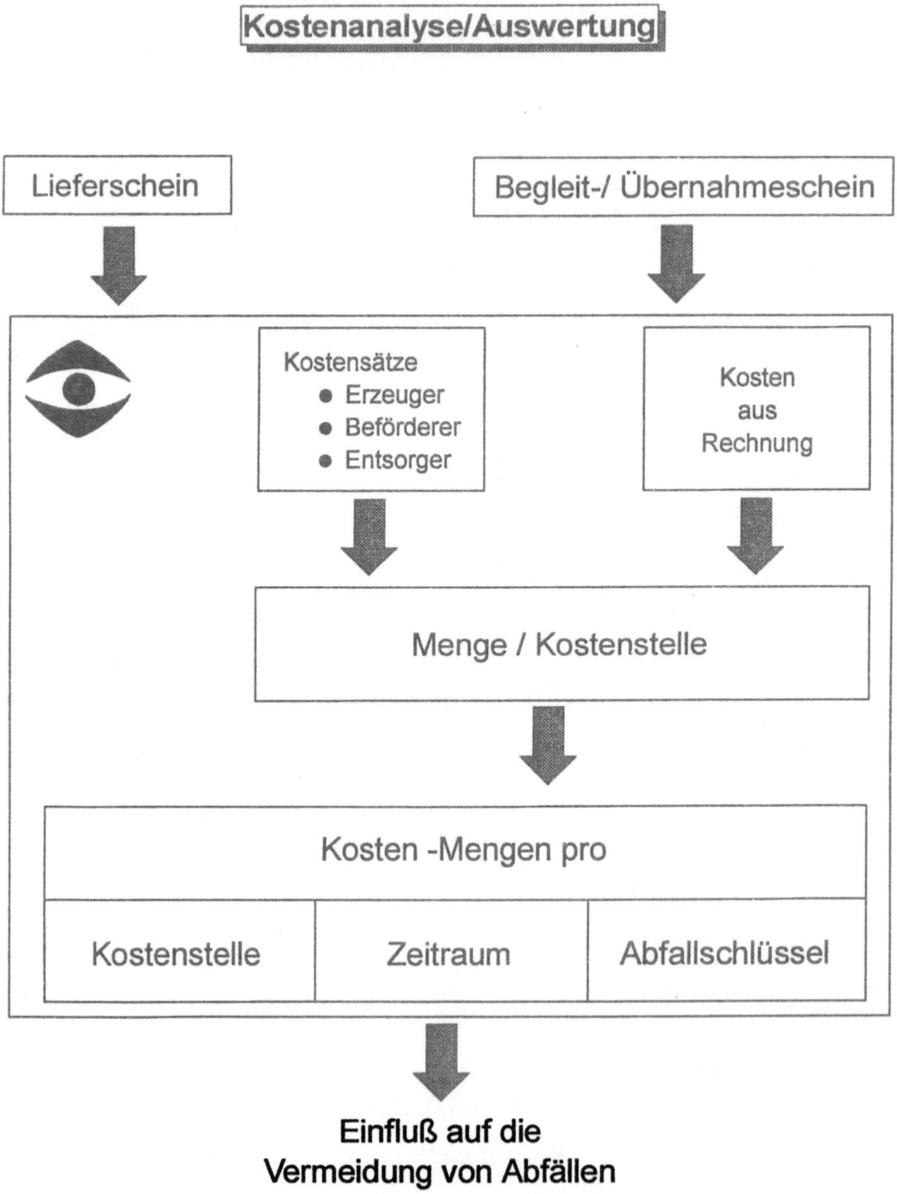

Kostenanalyse/Auswertung
Lieferschein
Begleit-/ Übernahmeschein
Kostensätze
Erzeuger
Beförderer
Entsorger
Kosten aus Rechnung
Menge / Kostenstelle
Kosten -Mengen pro
Kostenstelle
Zeitraum
Abfallschlüssel
Einfluß auf die
Vermeidung von Abfällen

Bedienerlose Deponie – Realität oder Vision?

Peter Syska

1 Eichrechtliche und abfallrechtliche Anforderungen an die Bedienerführung einer Deponie

In der AbfRestüberwV, der TA Abfall bzw. der TA Siedlungsabfall wird vom Gesetzgeber der Einsatz von EDV-Systemen im Bereich der Abfall- und Sonderabfallwirtschaft gefordert. Neben der qualitativen Bestimmung des Müllaufkommens ist die Ermittlung der Quantität in Gewichtseinheiten notwendig. Bei der im Eingangsbereich einer Deponie obligatorischen Waage laufen alle abfallrechtlichen und kommerziellen Informationen zusammen und müssen gemeinsam mit den Wägedaten verarbeitet werden (s. Abb. 3). Dies hat zur Entwicklung von speziellen Datenverarbeitungssystemen geführt, deren Automatisierungsgrad sich den Grenzen der technischen und auch rechtlichen Möglichkeiten nähert. Die nach dem Eichrecht und Abfallrecht vorgeschriebenen Kontrollfunktionen im Eingangsbereich einer Deponie müssen reproduzierbar, aber nicht on-line erfolgen.

In der Deponie Erfurt-Schwerborn wurde durch die FRANZ ROTTNER GMBH ein automatisiertes Kontroll- und Überwachungssystem installiert, das den bedienerlosen Nachtbertrieb ermöglicht.

2 Ausrüstung des Eingangsbereiches der Deponie Erfurt-Schwerborn

Das Datenerfassungs- und Verarbeitungssystem DEPONIE (Abb. 1) umfaßt in Erfurt-Schwerborn drei vernetzte Fahrzeugwaagen. Der Server des Rechnernetzes übernimmt die zentrale Anlagensteuerung, deren unmittelbare Umsetzung über programmierbare Steuerungen (SPS) erfolgt.

Abbildung 2 zeigt den Eingangsbereich der Deponie, in dem neben den Waagen auch die entsprechenden Leiteinrichtungen, Kontroll-, Sicherheits- und Überwachungseinrichtungen angeordnet sind.

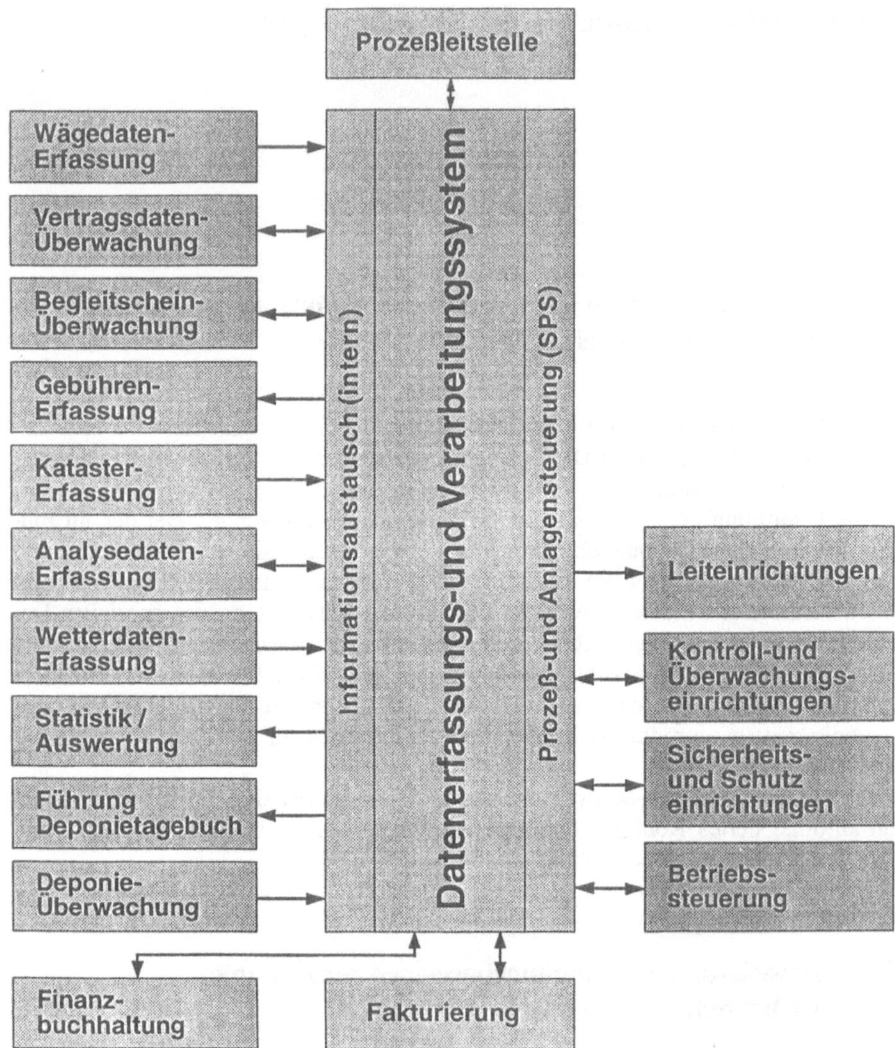

Abb. 1. Komplexes EDV-System DEPONIE

3   Datenerfassungs- und Datenverarbeitungssystem DEPONIE

Das EDV-System DEPONIE integriert alle abfallrechtlich relevanten Anforderungen wie Vertragsdaten- und Begleitscheinüberwachung, Gebührenerfassung und -berechnung, Katastererfassung, Führen des Deponietagebuches, Wetterdatenerfassung u. a.

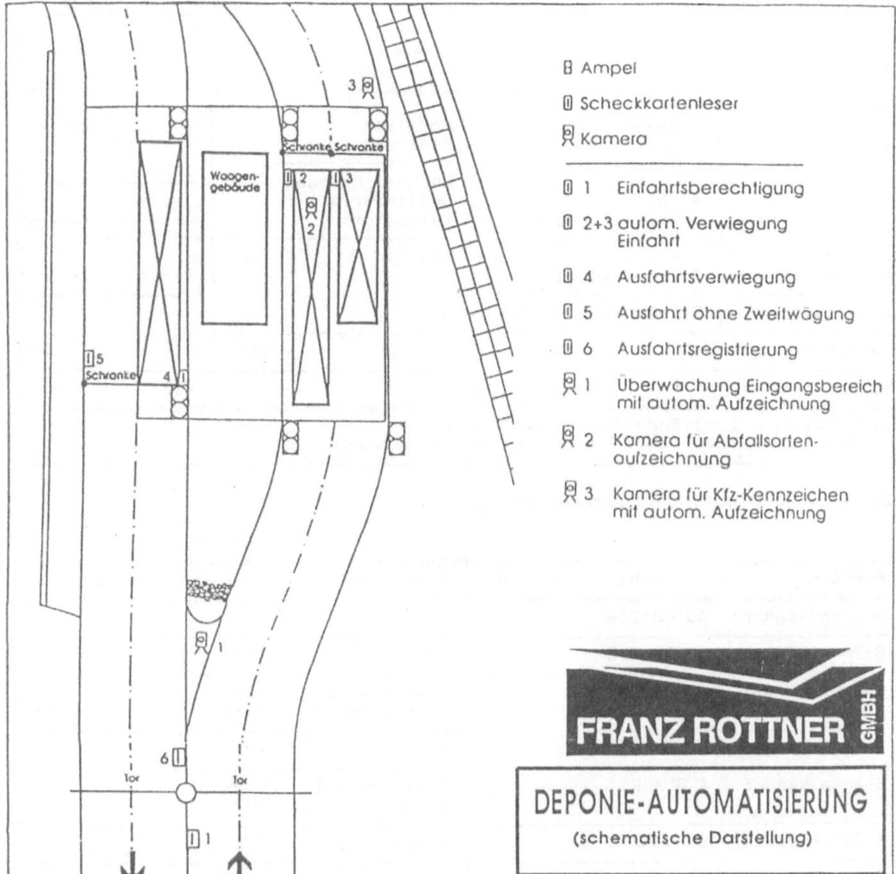

Abb. 2. Eingangsbereich der Deponie

Aus jeder Software-Maske kann der Bediener im Normalbetrieb den aktuellen Stand der Steuerungselemente (Abb. 4) ablesen und bei Zugriffsberechtigung beeinflussen. Die Deponiezufahrt wird über Identkarten (s. Abb. 6) gesteuert und durch drei Videokameras, die mit einem Langzeitrecorder gekoppelt sind, überwacht.

Die Leitfunktionen der Ampeln und Schranken werden durch die Waagen gesteuert und überwacht. Alle Vorgänge, Schalthandlungen, Datenerfassungen und -bewegungen werden reproduzierbar durch das EDV-System protokolliert.

```
┌══════════════════════<Vorfälle>══════════════════════════════════════┐
│                                            EA1:   0,00 t              │
├──────────────────────────────────────────────────────┬──────────────┤
│ Vorfall    :            LfdNr:        Sta:       Dtm:                 │
├────────────────┌────────<KL:Vorfallauswahl>─────────┐────────────────┤
│ Fahrzeug  : ···│                                     │                │
│                │ 1.Anlieferung        Hofliste       │                │
│ Anlieferer: ···│ 2.Anlieferung Bar    Zweitwägung    │   ·········    │
│ Bgl.Schein: ···│ 3.Anlief. Geb.Frei   ─────────────  │                │
│                │ ─────────────────    Nochmal Drucken │                │
│ Vertrag   : ···│ 4.Ablieferung        Duplizieren    │       t        │
│                │ 5.Ablieferung Bar    Tagesliste     │                │
│ Erzeuger  : ···│ 6.Ablief. Geb.Frei   ─────────────  │   ·········    │
│ Zahler    : ···│ ─────────────────    Ende           │                │
│ Her.Bezirk: ···│ 7.Fremdwägung                       │                │
│                │ 8.Fremdwägung Bar                   │                │
│ Abfallart : ···│ 9.Fremdw. Geb.Frei                  │                │
├────────────────└─────────────────────────────────────┘────────────────┤
│ Kataster  : ·······                 EP:       DM/   B:            DM  │
├──────────────────────────────────────────────────────────────────────┤
│ Wi: ······  Ta: ·······   Br: ·······   Ne:          Vol:       m3   │
└──────────────────────────────────────────────────────────────────────┘
 Bild:Blättern  Pos1,Ende:Erste,Letzte Seite |
 ──┘:Wert übernehmen  Esc:Abbruch (nicht übernehmen)
```

Abb. 3. Grundmaske für die Waagenbedienung

```
┌══════════════════════════════<Steuerung>═════════════════════════════════┐
│ Bereich           Befehl      Status │ Anschluß        Befehl     Status  │
├──────────────────────────────────────┼───────────────────────────────────┤
│ A-Torausfahrt:    AUTOMATIK          │                                    │
├──────────────────────────────────────┼───────────────────────────────────┤
│ B-Toreinfahrt:    AUTOMATIK          │ K-Tor-1:        ZU·                │
├──────────────────────────────────────┼───────────────────────────────────┤
│ C-Eing.Waage:     EINFAHRT           │ L-Einf.Ampel:   GRÜN               │
│                                      │ O-Ausf.Ampel:   ROT·               │
├──────────────────────────────────────┼───────────────────────────────────┤
│ D-Tor2-Bereich:   AUTOMATIK          │ P-Tor2:         ZU·                │
├──────────────────────────────────────┼───────────────────────────────────┤
│ E-Ausg.Waage:     AUSFAHRT           │ Q-Einf.Ampel:   GRÜN               │
│                                      │ R-Ausf.Ampel:   ROT                │
├──────────────────────────────────────┼───────────────────────────────────┤
│ F-Geb.Automat:    AUTOMATIK          │ S-Schranke:     ZU                 │
├──────────────────────────────────────┼───────────────────────────────────┤
│ G-Hofliste:       LEER               │ T-Nachtbetr.:   NACHT              │
├──────────────────────────────────────┼───────────────────────────────────┤
│ Waagen an U-Eing.PC: EINFAHRT····    │ Zuordnung Eing.PC:  EINFAHRT       │
│          V-Ausg.PC:  AUSFAHRT····    │           Ausg.PC:  AUSFAHRT       │
└──────────────────────────────────────┴═══════════════════════<Esc:Ende>══┘
```

Abb. 4. Bildschirmmaske mit Steuerungselementen

4   Zusammenfassung

Der bedienerlose Nachtbetrieb auf der Deponie Erfurt-Schwerborn ist Realität. Als bundesweite Ausnahme wird hier die sicherheitstechnisch anspruchsvollste Betriebsart dokumentiert.

Der Deponiezugriff ist natürlich nur für ausgewählte Kunden mit genau definierten und kontrollierbaren Abfallarten bei Abwesenheit der Waagenbediener im Nachtbetrieb möglich.

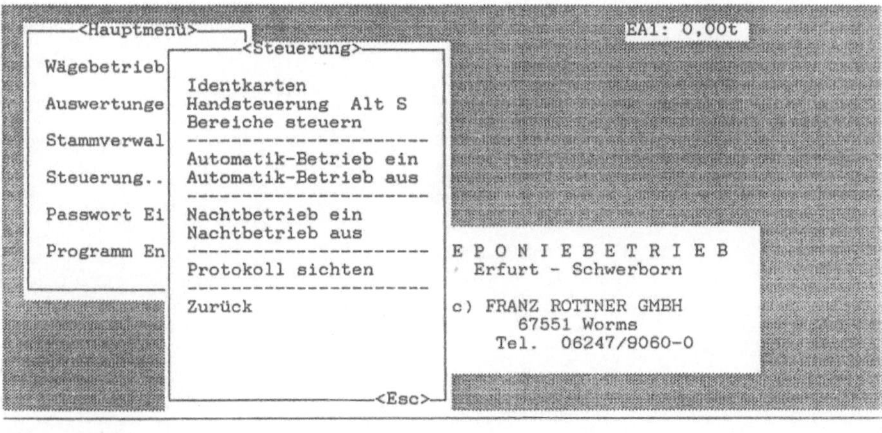

Abb. 5. Steuerungsmaske mit Hauptmenü

```
========================<Identkartenzuordnung - Suchen>========
Bitte Suchkriterien eingeben (weiter mit F10)          EA1: 0,00 t

 Deponie      : ···        Karten-Nummer: ·······
-----------------------------------------------------------------
 Fahrzeug     : ····   ··········    ·    ····················
 Anlieferer   : ·········· ···················· ································
                          ···················· ······ ····················
 Vertrag      : ····        ········
 Erzeuger     : ·········· ···················· ································
                          ···················· ······ ····················
 Bezirk       : ···        ·····················
 Abfallart    : ···        ······    ····················

 Gesperrt     : ····                     Erstellt        : ········
 Aus.Wägung   : ····                     letzter Vorfall: ········
 Toreinfahrt  : ····

 F7:Karte einlesen und anzeigen
 F1:Hilfe  F2:Tabelle  F6:Erfassen  F8:Drucken  F10,AF10,^F10:Zeigen  Esc:Ende
```

Abb. 6. Identkartenzuordnung im EDV-System

Erstellung von Abfallbilanzen und Abfallwirtschaftskonzepten mit Unterstützung des Expertensystems Landesabfallgesetz (ELAG)

Walter A. Wicharz

1 Einführung

Das von der IBIES Informatik GmbH und der EDELHOFF Entsorgung West GmbH & Co erarbeitete ExpertensystemLandesAbfallGesetz (ELAG) versetzt den Betrieb in die Lage, seine betriebliche Abfallwirtschaft durch gezielte Maßnahmen zu optimieren. Dadurch wird ein wichtiger Beitrag zur langfristigen Absicherung der Wettbewerbsfähigkeit des Betriebes geleistet.

2 Grundidee von ELAG

ELAG wurde als Unterstützung für Betriebe entwickelt, die mit der Novellierung des nordrhein-westfälischen Landesabfallgesetzes vom 14.01.1992 von der Landesregierung besonders in die Pflicht genommen wurden. Entsprechend den Anforderungen des Landesabfallgesetzes Nordrhein-Westfalen sind Betriebe, die mehr als 500 kg besonders überwachungsbedürftige Abfälle bzw. mehr als 2000 t Massenabfälle pro Jahr erzeugen, verpflichtet, ein betriebliches Abfallwirtschaftskonzept und eine Abfallbilanz zu erarbeiten.

Der § 5b des LAbfG NW verlangt bis zum 01.02.1993 die erstmalige Erstellung eines betrieblichen Abfallwirtschaftskonzeptes mit folgendem Inhalt:

- Angaben über Art, Menge und Verbleib der zu entsorgenden Abfälle,
- Darstellung der geplanten und getroffenen Abfallvermeidungs- und Verwertungsmaßnahmen,
- Nachweis einer fünfjährigen Entsorgungssicherheit,
- Ausführungen zur umweltverträglichen Entsorgbarkeit der Produkte nach Wegfall der Nutzung.

Das betriebliche Abfallwirtschaftskonzept ist fortzuschreiben und auf Verlangen der zuständigen Abfallwirtschaftsbehörde vorzulegen.

Der § 5c schreibt ergänzend zum betrieblichen Abfallwirtschaftskonzept die Erstellung einer Abfallbilanz vor. Diese muß von den betroffenen Betrieben seit 1993 jährlich zum 31.03. vorgelegt werden und Auskunft über Art und Verbleib der entsorgten Abfälle einschließlich deren Verwertung geben. Werden Abfälle keiner Verwertung zugeführt, ist dies zu begründen.

Die Abfallbilanz ist auf Verlangen der zuständigen Abfallwirtschaftsbehörde vorzulegen. Weiterhin ist sie in geeigneter Weise der Öffentlichkeit zugänglich zu machen.

Industrie, Handel und Gewerbe sollen durch die Pflicht zur Erarbeitung von betrieblichen Abfallwirtschaftskonzepten und Abfallbilanzen einen aktiven Beitrag zur Umsetzung der gesetzlichen Ziele des Abfallrechtes leisten. Dabei wird darauf abgezielt, vorhandene Vermeidungspotentiale frühzeitig auszuschöpfen, nicht vermeidbare Abfälle weitgehend zu verwerten und nicht verwertbare Abfälle umweltgerecht zu entsorgen.

3   Inhalte und Anwendungsmöglichkeiten von ELAG

ELAG ermöglicht die DV-gestützte Erarbeitung betrieblicher Abfallwirtschaftskonzepte und Abfallbilanzen und vereinfacht deren Fortschreibung erheblich.

Zweifellos übernimmt das LAbfG NW eine Vorreiterfunktion für kommende Regelungen in anderen Bundesländern. In diesem Sinne bietet ELAG den Betrieben im gesamten Bundesgebiet die Möglichkeit der Vorbereitung auf kommende gesetzliche Regelungen. ELAG ist ein unerläßliches Hilfsmittel, um die betriebliche Abfallwirtschaft zu strukturieren und schließlich zu optimieren.

ELAG verwaltet u. a. folgende Informationen der betrieblichen Abfallwirtschaft:

- Art, Menge und Verbleib von Abfällen und Reststoffen,
- Angaben zur Entsorgungssicherheit,
- Angaben zu Vermeidungs- und Verwertungsmaßnahmen,
- Kosten und Erlöse der Entsorgung bzw. Verwertung

    - Verwertungs- und Entsorgungskosten,
    - Transportkosten,
    - Behältermiete,
    - Erlöse,
    - Sonstige,

- Entsorger/Verwerter/Beförderer eines Unternehmens,
- eigene Produkte bzw. Produktgruppen und deren Zusammensetzung.

ELAG wertet diese Daten zu einem beliebigen Zeitpunkt aus und generiert aufbauend auf den Auswertungsergebnissen zeitnahe Übersichten zu den genannten
Informationsschwerpunkten. Somit stellt ELAG ein ideales Controllling-Instrument
für die Abfallwirtschaft dar, mit dessen Hilfe das Nachweiswesen organisiert und
die Rechtssicherheit überprüft werden kann. Weiterhin ermöglichen die Auswer-
tungsergebnisse eine sachliche Kommunikation mit verschiedenen Gesprächspart-
nern, intern mit den Mitarbeitern und der Geschäftsleitung, extern mit Behörden,
Entsorgern und weiteren Interessenten. So wird mit minimiertem Aufwand ein
Maximum an Transparenz in der betrieblichen Abfallwirtschaft geschaffen.

4   Struktur des Programms

Die Bearbeitung der Daten unter ELAG ist in fünf große Bereiche, die durch entsprechende Punkte auf der Hauptmenüleiste dargestellt werden, aufgeteilt.

Der erste Block "Projekte" befaßt sich mit der Projektpflege (anlegen, öffnen,
schließen, reorganisieren, fortschreiben, verwalten) und den allgemeinen Angaben
zum Unternehmen/Betrieb. Daten, wie z. B. Name, Anschrift und Telefonnummer
des Unternehmens, die Erzeugernummer des Betriebes und Angaben zum Abfallbeauftragten können in Masken eingegeben werden, die in ein übersichtliches
Layout übertragen werden.

Der zweite Block "Bearbeiten" umfaßt alle Möglichkeiten der Dateipflege. Hier
können Daten eingefügt, aktualisiert, neu erstellt oder gelöscht werden.

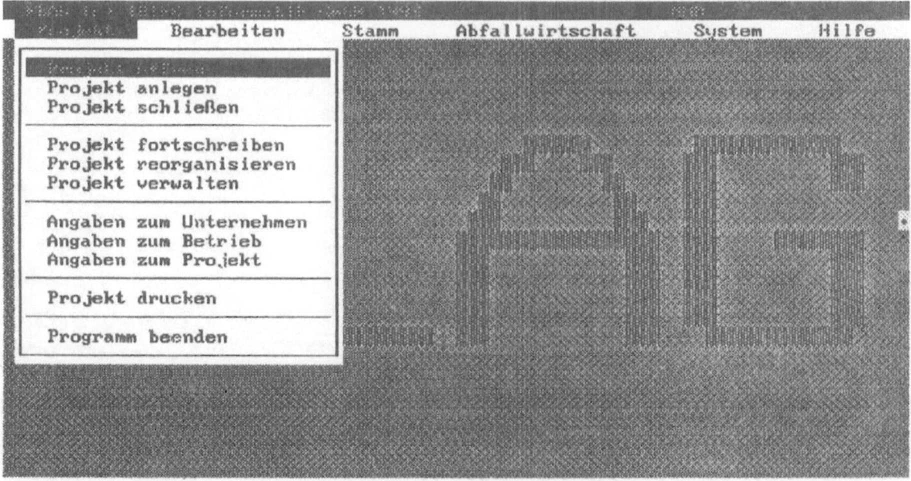

Abb. 1. Das Menü

Im dritten Block "Stamm" werden alle für die Optimierung der Abfallwirtschaft notwendigen Stammdaten eingegeben. Hier werden entsprechend den Untermenü-punkten die Angaben zu den im Betrieb anfallenden Abfall- und Reststoffen, zu den für das Unternehmen tätigen Entsorgern und Anlagen, zu den bereits getroffenen und zukünftig geplanten Abfallvermeidungs- und Verwertungsmaßnahmen und zur umweltverträglichen Entsorgbarkeit der eigenen Produkte nach Wegfall der Nutzung gespeichert. Weiterhin ist unter dem Block "Stamm" der LAGA-Katalog (LänderArbeitsGemeinschaftAbfall) hinterlegt. Er umfaßt sämtliche Abfallschlüssel sowie die zugehörigen Stoffbezeichnungen und kann jederzeit eingesehen werden. Somit wurde auch bei ELAG das in der BRD gebräuchliche Mittel zur Systematisierung und Identifikation von Abfällen und Reststoffen genutzt.

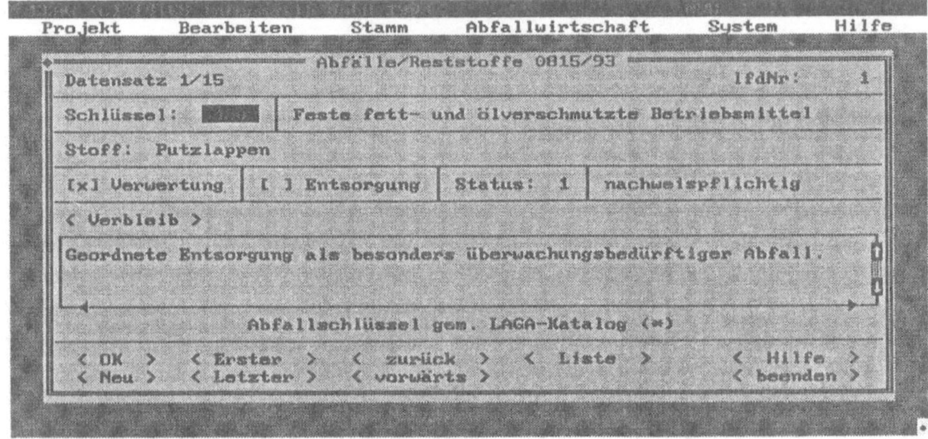

Abb. 2. Maske zur Erfassung der Abfälle und Reststoffe

Abb. 3. Maske zur Erfassung der Mengen

Der vierte Block "Abfallwirtschaft" dient zur Erfassung der Daten zur Entsorgungssicherheit, zu Mengen und Verbleib der Abfall- und Reststoffe und zu den Kosten
und Erlösen der Entsorgung bzw. Verwertung der Stoffe. Die Daten zu den
einzelnen Bereichen werden abfall-/reststoffbezogen bearbeitet und aufbereitet. Der
Menüpunkt "Abfallwirtschaft" ist nur zu bearbeiten, wenn aus dem Menü "Stamm"
ein Abfall- oder Reststoff aktiviert ist, zu dem die oben beschriebenen Angaben
gemacht werden. Somit erstellt ELAG abfall-/reststoffstoffbezogene Datensätze zu
den genannten Punkten.

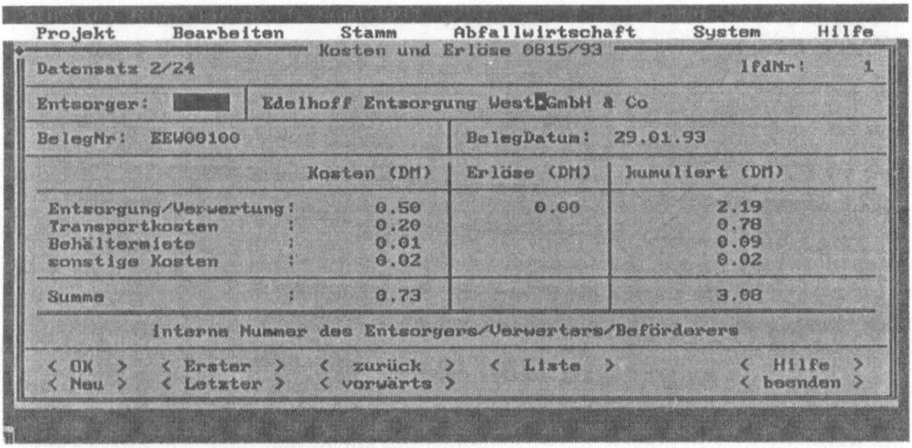

Abb. 4. Maske zur Erfassung der Kosten und Erlöse

5   Anwendungsbeispiel

ELAG eignet sich für mittelständische bis große Unternehmen, die mehrere Abfälle
und Reststoffe zu verwalten haben.

Ein Beispiel ist ein mittelständisches Unternehmen, daß sich mit der Metallbear-
beitung beschäftigt. An den Bearbeitungsmaschinen können Reststoffe wie Eisen-
schrotte und Abfälle wie Bohr- und Schleifölemulsionen, feste fett- und ölver-
schmutzte Betriebsmittel sowie Maschinen- und Turbinenöle anfallen. Bei dem
Reststoff Eisenschrott handelt es sich nicht um einen nachweispflichtigen Stoff,
daher ist eine Betrachtung der Entsorgungssicherheit nicht von Bedeutung. Wichtig
ist aber eine Übersicht über die abgefahrenen Mengen und die entsprechenden
Kosten bzw. Erlöse.

Letztere können mit Hilfe von ELAG strukturiert erfaßt werden. Es besteht die
Möglichkeit, für jede Rechnung den Verwerter/Transporteur, die Belegnummer,
das Belegdatum, die Kosten der Verwertung, die Erlöse, die Transportkosten, die

Behältermiete und sonstige Kosten zu erfassen. ELAG erstellt sowohl eine Gesamtkostenübersicht für jeden Abfall-/Reststoff als auch eine Übersicht, in der alle Belege aufgeführt werden. Die Übersichten erhöhen die Transparenz der Kosten wesentlich. Es besteht ein Anreiz, die Kosten möglichst gering und die Erlöse des Eisenschrotts möglichst hoch zu halten. Im Gegensatz zu dem beschriebenen Reststoff sind die genannten Abfälle besonders überwachungsbedürftig nach § 2 Abs. 2 AbfG. Diese Stoffe unterliegen der Nachweispflicht und müssen dementsprechend gehandhabt werden.

Gemäß § 17 Abfall- und Reststoffüberwachungs-Verordnung sind die Abfallerzeuger von nachweispflichtigen Abfällen zu der Einrichtung und Führung eines Nachweisbuches verpflichtet. Im Nachweisbuch müssen die Begleitscheine der Abfälle den jeweiligen Entsorgungsnachweisen zugeordnet werden. ELAG ermöglicht die strukturierte Erfassung der für das Nachweiswesen relevanten Daten und erleichtert somit die Führung des Nachweiswesens. Schwachstellen, z. B. durch im Zeitablauf fehlende Belege, können mit Hilfe von ELAG schneller aufgedeckt werden. Gültigkeitsfristen von Entsorgungsnachweisen werden von ELAG explizit ausgewiesen und sind so leichter überprüfbar. Mengen werden sowohl einzeln dokumentiert als auch kumuliert dargestellt. Kosten können in der bereits beschriebenen Art und Weise erfaßt werden. Ein zeitnaher, strukturierter Überblick über die Mengen und Kosten macht für den Betrachter das Potential zur Vermeidung und Verwertung von Abfällen ersichtlich. Der Betrachter erhält Anreize, seine betriebliche Abfallwirtschaft zu optimieren, Verwertungswege einzuschlagen, Roh-, Hilfs- und Betriebsstoffe zu nutzen, die kostengünstiger entsorgbar oder verwertbar sind.

6   Layout

Die Ausgabe der Daten erfolgt bei ELAG in tabellarischer Form. Es können sowohl Tabellen ausgedruckt werden, die direkt der Behörde zugänglich gemacht werden können, als auch betriebsinterne Übersichten, die mehr Informationen als die Behördenvorlagen enthalten.

Die Tabellen haben folgende Inhalte:

- allgemeine Unternehmensangaben,
- Abfälle und Reststoffe, deren Art, Menge und Verbleib,
- Angaben zur Entsorgungssicherheit,
- Angaben zu Vermeidungs- und Verwertungsmaßnahmen,
- Kosten und Erlöse der Entsorgung bzw. Verwertung,
- umweltverträgliche Entsorgbarkeit der Produkte nach Wegfall der Nutzung.

7   Installation von ELAG

Die ELAG-Software läuft unter dem Betriebssystem DOS ab Version 3.1 und kann auf jedem IBM-kompatiblen PC ab 80286 mit 1 MB Hauptspeicher und einer Festplatte mit ca. 5 MB freiem Speicherplatz installiert werden. Da es sich hier um eine Mindestanforderung handelt, wird die Anwendung auf Rechnern ab 80386 mit 25 Mhz und 3 MB Arbeitsspeicher (davon 1 MB als EMS und 1 MB als Festplattencache) sowie ausreichend schneller Festplatte empfohlen. Ein Handbuch, das die Bedienungsanleitung mit einem Leitfaden zum Umgang mit den Abfalldaten vereint, erklärt die bedienerfreundliche und praxisorientierte Software in einfacher und kompakter Form.

EDV-gestütztes Software-System für das betriebliche Abfallmanagement

Werner Jaschke

Praxisbeispiel für die Erstellung von Abfallwirtschaftskonzepten und Abfallbilanzen am Personal Computer

Sicher haben die Verantwortlichen in vielen Unternehmen und Institutionen schon immer eine positive Einstellung zur Umwelt gehabt und haben mehr oder weniger umweltorientierte Aktivitäten in den Unternehmen praktiziert. Aber wurde das Umweltbewußtsein nicht erst richtig aktiviert, als die Verpackungsverordnung in Kraft trat? Durch die Rücknahmeverpflichtung für Transport- und Verkaufsverpackungen sind ganze Industriezweige zum Nachdenken gezwungen worden, neue Verpackungsmöglichkeiten zu suchen, Verpackungen zu vermeiden oder sie wiederzuverwenden.

Immer mehr setzt sich der Umweltschutzgedanke in den Unternehmen durch. Die Grundsätze der Vermeidung von Abfall bzw. der Wiederverwertbarkeit von Abfallstoffen bekommen einen wesentlich höheren Stellenwert. So sind ein umweltgerechtes Herstellungsverfahren unter Verwendung umweltschonender Roh- und Hilfsstoffe und die Herstellung von umweltverträglichen, umweltfreundlichen Produkten, die nach Gebrauch verwertet oder problemlos entsorgt werden können, als Unternehmensziel nicht mehr wegzudenken. Neben dem ökonomischen Ziel eines Unternehmens bestimmt die ökologische Unternehmensführung als zweites gleichberechtigtes Ziel zunehmend die Strategie modern geführter Unternehmen, aber auch bei noch so großen Bemühungen, Abfallstoffe so gering wie möglich zu halten – ganz zu vermeiden sind Abfälle bzw. Reststoffe nicht.

Jedes umwelt- und kostenbewußte Unternehmen wird deshalb seine Abfallarten, Mengen, Entsorgungswege und Kosten analysieren. Diese Analyse ist für jedes Unternehmen ein sinnvoller Vorgang, da sich die Entsorgungskosten explosionsartig nach oben bewegen. Weiterhin ist es aber auch ganz wichtig zu dokumentieren, daß die Entsorgung sachgerecht durch kompetente und zuverlässige Partner durchgeführt wird; denn wenn hier Probleme auftauchen, wird die Schadensbehebung meistens noch wesentlich teurer als die normalen, ohnehin schon sehr hohen Entsorgungskosten.

Nun kann man diese Analyse und das Verfolgen der einzelnen Bereiche von Hand machen, man kann sich aber auch einer EDV-Unterstützung bedienen. Für diese EDV-Unterstützung hat die Dortmunder BUSCHE Unternehmensgruppe ein komplettes, branchenübergreifendes Software-Programm entwickelt, das im folgenden ausführlich dargestellt werden soll.

Vorab aber eine kurze Erläuterung, wie das Druck- und Verlagshaus BUSCHE auch zu einem Software-Haus wurde. Das "Software-Haus" ist dabei allerdings in Anführungsstrichen zu verstehen, denn gegenüber professionellen Software-Herstellern steht BUSCHE sicher noch am Anfang. Es kann aber auf einen großen Pluspunkt bei der Erstellung der Software zur Abfallwirtschaft verwiesen werden: Hier haben Praktiker ein Programm für die Praxis entwickelt, das sich durch anwenderfreundliche Bedienung und schnelles Erlernen – auch von "Nicht-EDV-Experten" – auszeichnet.

Das Handbuch zum BUSCHE-Programm ist ebenfalls leicht verständlich geschrieben und darüber hinaus reich bebildert mit den entscheidenden Bildschirmdarstellungen, so daß sich der Anwender beim anfänglichen Probieren des Programms immer wieder auf das Handbuch stützen kann. Es entstand also eine echte Hilfe für die Selbsthilfe – ein Programm von der Praxis für die Praxis.

Wie kam BUSCHE dazu, dieses Software-System zu entwickeln? Den ursprünglichen Anstoß gab im Grunde das Ministerium für Umwelt, Raumordnung und Landwirtschaft (MURL) des Landes Nordrhein-Westfalen. Für NRW wurde im neuen Landesabfallgesetz festgelegt, daß ab 1993 Unternehmen, die bestimmte Abfallmengen überschreiten, jährlich ein Betriebliches Abfallwirtschaftskonzept und eine Abfallbilanz zu erstellen haben. Um den Unternehmen zu helfen und deutlich zu machen, wie dies erfolgen soll, hat das Ministerium einen Leitfaden zum Erarbeiten der Abfallwirtschaftskonzepte und -bilanzen herausgegeben. Mit der Erstellung des Leitfadens wurde die PROGNOS AG in Basel beauftragt.

Die BUSCHE-Unternehmensgruppe hat auf Vorschlag der PROGNOS AG und im Auftrage des MURL an der Entwicklung dieses Leitfadens maßgeblich mitgewirkt. BUSCHE konnte dabei Wissen und Erfahrung sowie die Spezialkenntnisse eines modernen und vielseitigen Druckereibetriebes einbringen.

Als dieser Leitfaden nun vorlag, stellte sich auch für BUSCHE die Aufgabe, das Abfallwirtschaftskonzept und die Abfallbilanz zu erstellen. Zunächst begann die Vorbereitung mit einer Stoffsammlung. Welche Abfallarten fallen im Unternehmen an, in welchen Mengen fallen sie an, wem wird die Entsorgung übertragen, wo verbleibt der Abfall, wie lange ist die erforderliche Entsorgungssicherheit gewährleistet usw.

Es stellte sich recht schnell heraus, daß diese Stoffsammlung doch sehr umfangreich wurde. Und was bietet sich da als Hilfe an? Natürlich der PC. So wurde begonnen, mit kleinen Schritten eine PC-Unterstützung zu erarbeiten.

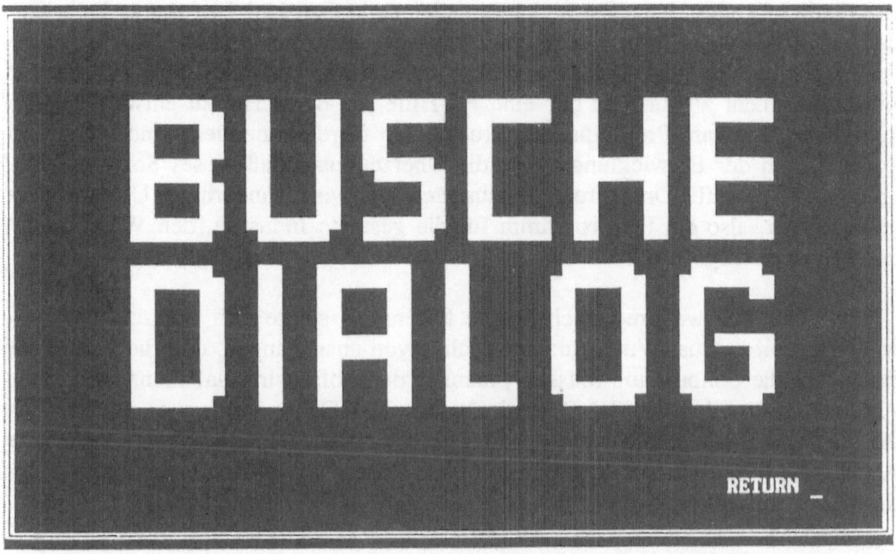
BUSCHE
DIALOG
RETURN _

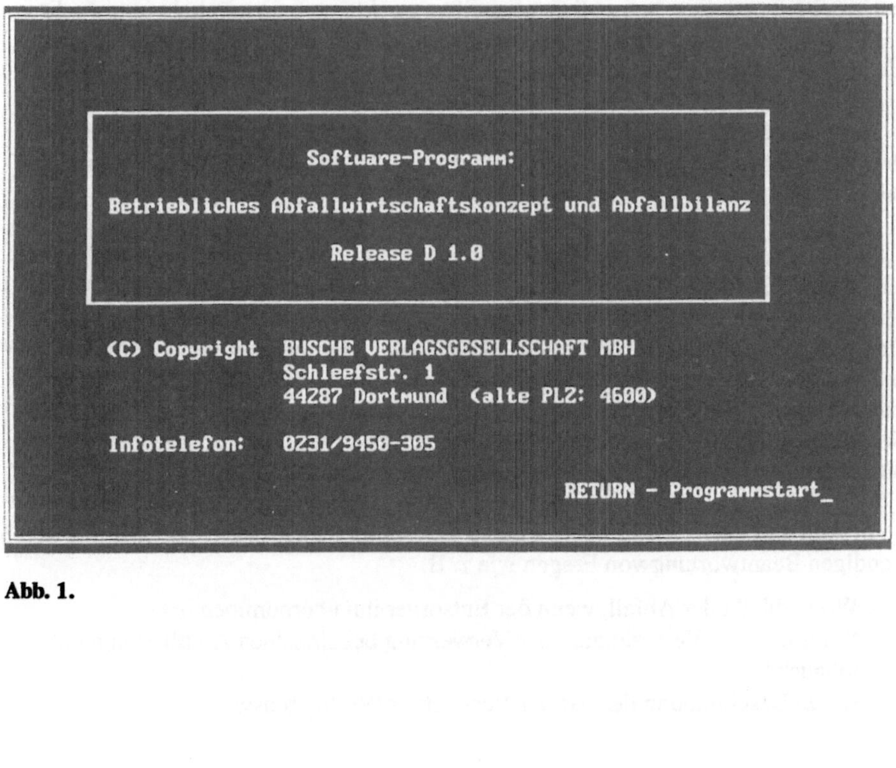
Software-Programm:
Betriebliches Abfallwirtschaftskonzept und Abfallbilanz
Release D 1.0
(C) Copyright BUSCHE VERLAGSGESELLSCHAFT MBH
Schleefstr. 1
44287 Dortmund (alte PLZ: 4600)
Infotelefon: 0231/9450-305
RETURN - Programmstart_

Abb. 1.

Bekanntlich "kommt beim Essen der Appetit"; so kamen auch hier immer mehr Gedanken zum Tragen. Immer neue Ideen ergaben ständig zusätzliche Möglichkeiten der Erfassung, der Verknüpfung und der Auswertung von Daten. Und so reifte der Entschluß, mehr zu tun, als nur eine PC-Hilfe für BUSCHE zu entwickeln. Ein komplettes Software-Programm für Druckereien wurde konzipiert. Und schließlich ergab sich in der Entwicklungsphase die Überzeugung, daß dieses Software-Programm nicht nur für Druckereien einzusetzen sein wird, sondern für Unternehmen jeglicher Art, also ein PC-Programm für die gesamte Industrie, den Warenhandel und Dienstleistungsbetriebe.

Und noch eine weitere entscheidende Erkenntnis stellte sich während der Entwicklungszeit heraus. Wurde ursprünglich davon ausgegangen, daß die Anwender etwas "für die Behörde tun müssen", nämlich das Abfallwirtschaftskonzept und die Abfallbilanz erstellen, um den Behördenvorschriften Genüge zu tun, so änderte sich die Zielvorstellung dahingehend, daß der bisher als Nebenergebnis betrachtete Aspekt, die "Transparenz für das Abfallmanagement im Unternehmen", zum wichtigsten, zum Hauptziel wurde.

Daher ist das Software-Programm so aufgebaut, daß sich der Anwender jederzeit über die einzelnen Abfallarten, Mengen, Kosten bzw. Erlöse, zugeordnet zu Betriebsteilen oder Kostenstellen oder als Gesamtübersicht aller Abfälle, einen Überblick verschaffen kann und damit ein Steuerungsinstrument erhält, um Trends festzustellen und innerbetrieblich eingreifen zu können. Ermöglicht durch diese Transparenz können Vermeidungsstrategien auf der Basis dieser exakten eigenbetrieblichen Daten entwickelt werden.

Selbstverständlich sind in NRW die Auflagen der Behörde zu erfüllen; dies ist aber zum Nebenziel geworden und ein "Abfallprodukt" des Software-Programms. Die notwendigen Tabellen für die Behörde sind auch jederzeit ausdruckbar.

Das Programm kam im April 1993 auf den Markt und wird inzwischen in vielen, sehr unterschiedlichen Unternehmen und Betrieben eingesetzt. Unter den Anwendern finden sich unter anderem Brauereien, Autowerkstätten und Lackierereien, Energieversorgungsunternehmen, Krankenhäuser, Fernmeldeämter, Elektrogeräte- und Werkzeugmaschinenhersteller; Branchenversionen gibt es für die Bauwirtschaft und natürlich für die Druckindustrie. Das Programm basiert auf den gesetzlichen Grundlagen, die in NRW gelten, es ist aber so gegliedert, daß es in jedem anderen Bundesland sinnvoll und effektiv eingesetzt werden kann.

Beim Aufbau der Tabellen, beim Aufbau der betrieblichen Daten und bei der notwendigen Beantwortung von Fragen wie z. B.

- Wo verbleibt der Abfall, wenn der Entsorger ihn übernommen hat?
- Warum waren Vermeidung oder Verwertung bei einzelnen Abfallarten nicht möglich?
- Kurze Beschreibung der Art der Verwertung/Verbleib usw.

wurde der Leitfaden des Ministers für Umwelt, Raumordnung und Landwirtschaft des Landes NRW berücksichtigt. Das Software-System wurde in zwei grundsätzliche Bereiche eingeteilt:

- Die sogenannten **Stammdaten**.
  In diesen Bereich muß jeder Anwender seinen Betrieb selbst durchforsten und "Schularbeiten" machen
- Die sogenannten **Einzeldaten**.
  Das sind die Daten, die während eines Jahres in den PC eingegeben werden, nämlich: welche Abfallart wann, mit welcher Menge durch welchen Entsorger wo und mit welchen Kosten bzw. evtl. Erlösen entsorgt wurde.

Nachdem das Software-Programm installiert ist – die Installation ist im Handbuch detailliert beschrieben – wird das Programm gestartet.

Wie man sieht (Abb. 1), ist auch ein Info-Telefon mit angegeben, falls einmal Rückfragen auftreten sollten.

Das Hauptmenü ist in verschiedene Untermenüs eingeteilt. Man beginnt mit der Eingabe von Stammdaten. Wie bereits erwähnt, muß hier der Anwender sein Unternehmen durchleuchten und eine exakte Daten- bzw. Stoffsammlung vornehmen.

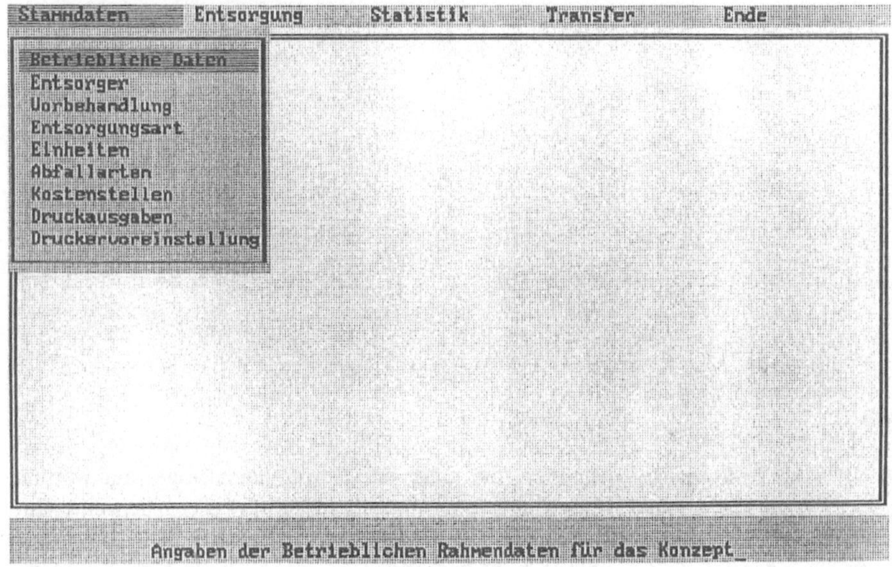

Abb. 2.

Folgende **Stammdaten** (Abb. 2) werden nacheinander im einzelnen eingegeben:

- Betriebliche Daten,
- Entsorger,
- Vorbehandlung,
- Entsorgungsart,
- Einheiten,
- Abfallarten,
- Kostenstellen,
- Druckausgaben,
- Druckervoreinstellung.

Auch der *interne Abfallartenkatalog* unter der Rubrik *Entsorgung* (Abb. 3) ist noch zu den Stammdaten zu rechnen. Wenn alle diese Daten eingegeben sind, kann mit der Einzeldatenerfassung begonnen werden. *Unter der Rubrik Entsorgung sind auch die weiteren Druckausgaben angesiedelt.*

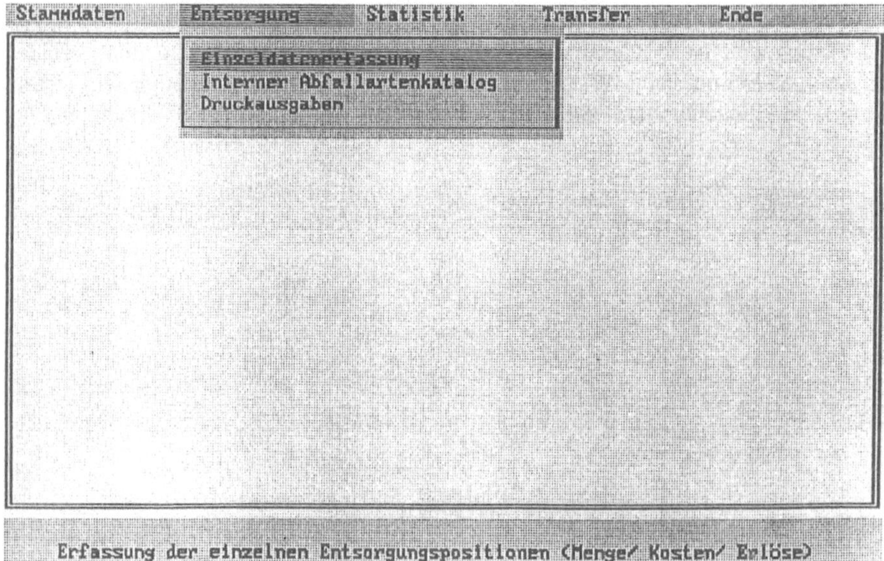

Abb. 3.

In NRW sind die meisten Angaben, die unter den Stammdaten abgefragt werden, gesetzlich vorgeschrieben. In den anderen Bundesländern wird sicherlich eine ähnliche oder gleiche gesetzliche Grundlage künftig geschaffen werden. Aber auch wenn diese gesetzliche Grundlage nicht vorhanden ist, ist es für ein Unternehmen – für die Transparenz des Abfallmanagements – immer sinnvoll, sich den Fragen zu stellen und entsprechende Antworten zu erarbeiten.

```
 Stammdaten        Entsorgung        Statistik        Transfer          Ende

 ANWAHL (J/N)  │  BEARBEITUNG

               │  UNTERNEHMENSANSCHRIFT
  1.   (J)     │  Name        :  Mustermann & Co GmbH
               │  Name        :  Industriebetrieb
               │  Strasse     :  Musterstr. 100
               │  Lkz,Plz,Ort:  W   12345  Musterhausen
               │  Telefon     :  1234/123456       Fax:  1234/789012

  2.   (J)     │  Name, Anschrift, Telefon u. Fax von Einzelfirmen der
               │  Unternehmensgruppe bzw. einzelner Produktionsbereiche des
               │  Unternehmens.

  3.   (J)     │  Branche:  Industrie jeglicher Art

  4.   (J)     │  Anzahl der Mitarbeiter:  120

  5.   (J)     │  Abfallbeauftragter und andere wichtige Ansprechpartner in
               │  Sachen Abfall (Name, Funktion, Telefon).

 ESC ► Zurück  F3 ► Bearbeiten
       Satz bearbeiten!
```

Abb. 4.

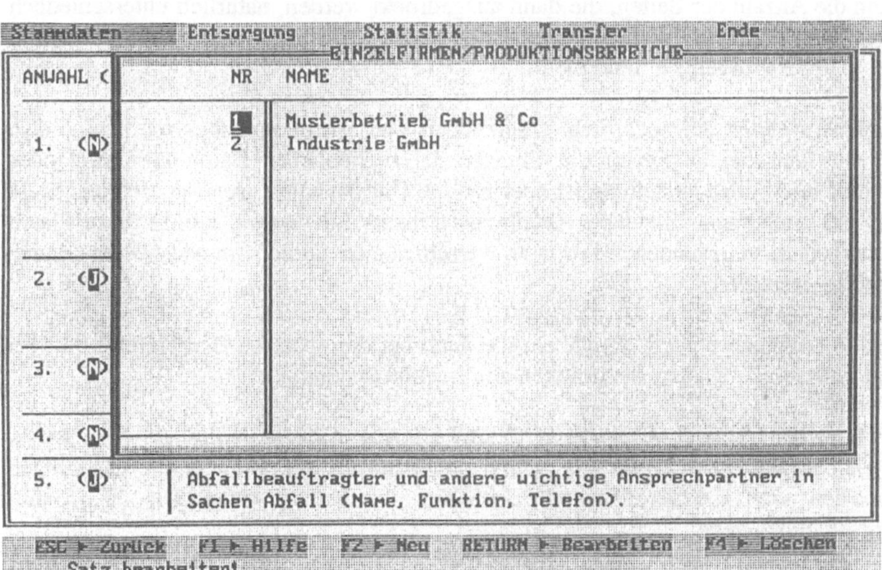

Abb. 5.

Beginnen wir mit den *betrieblichen Daten* (Abb. 4): Hier sind nach vorgegebenen Fragen Daten über das Unternehmen einzugeben. Die Eingabe erfolgt entweder direkt in vorgegebene Eingabefelder oder, wenn die Antworten umfangreich sein können, über aufzurufende Untermenüs.

Unter der Frage 2 (Abb. 5) können Daten von Einzelfirmen einer Firmengruppe oder von Produktionsbereichen fortlaufend numeriert eingegeben werden. Der Anwender kann dann, wenn es für ihn sinnvoll ist, für die eingegebenen Einzelfirmen oder die unterschiedlichen Produktionsbereiche separate Auswertungen abrufen, so daß für jeden eingegebenen Bereich alle Listen ausgedruckt werden können.

Um diese Separierung zu erreichen, muß bei einer späteren Eingabe von Einzeldaten die vergebene laufende Nummer der Einzelfirma mit in eine Positionsnummer eingegeben werden. Auf dieses Thema wird bei der Erläuterung der Einzeldateneingabe nochmals eingegangen. Selbstverständlich können später trotz separierter Eingaben alle Listen auch für die komplette Unternehmensgruppe mit den dann kumulierten Daten der Einzelbereiche ausgegeben werden.

Das Anlegen der betrieblichen Daten und die dazu vorgesehenen Ausdrucke (s. S. 153-155) dienen zur Komplettierung des Abfallwirtschaftskonzeptes. Ausgedruckt werden die Daten in tabellarischer Form. Je nach Umfang der Antworten kann die Anzahl der Seiten, die dann ausgedruckt werden, natürlich unterschiedlich hoch sein. Die betrieblichen Daten benötigt das Software-Programm bei weiteren Bearbeitungsvorgängen nicht mehr.

Jeder Anwender, der noch nicht gesetzlichen Vorgaben entprechen muß, kann also für sich entscheiden, ob er die Eingabe der betrieblichen Daten vornimmt oder nicht. Diese Selbstdarstellung ist aber für alle Unternehmen grundsätzlich und nicht nur aus Sicht des offiziellen Abfallmanagements interessant, zumal diese Daten sicherlich in verschiedener Form an verschiedenen Stellen immer wieder einmal benötigt werden.

Nun beginnen wir mit Eingaben, die auch bei der späteren Bearbeitung und bei den unterschiedlichsten Ausdrucken von Bedeutung sind.

Unter dem Bereich *Entsorger* (Abb. 6) *gibt der Anwender die mit dem jeweiligen Unternehmen zusammenarbeitenden Entsorger ein.* Diese Entsorger können natürlich auch als Liste ausgedruckt werden, z. B. als Anlage für das Abfallwirtschaftskonzept.

In der in NRW geforderten Abfallbilanz sind Schlüsselnummern für eine Vorbehandlung (Abb. 7) und für eine Entsorgungsart (Abb. 8) von Abfällen anzugeben. Diese definierten Schlüsselnummern sind im Software-Programm bereits enthalten und bei der späteren Einzeldatenerfassung ein wichtiger Bestandteil.

BETRIEBLICHES ABFALLWIRTSCHAFTSKONZEPT

Betriebliche Daten   Seite 1

lfd. Nr.	Fragestellung	Angaben
1	Name und Anschrift des Unternehmens	Muster & Beispiel GmbH Multimedia-Konzern Anschauungsstr. 22 D-4-4287 Dortmund Telefonnr.: 0231/94 50 389 Telefaxnr.: 0231/94 50-460
2	Name und Anschrift von Einzelfirmen der Unternehmensgruppe bzw. einzelner Produktionsbereiche des Unternehmens	Verfahrenstechnik GmbH Heringstraße 1 D-43455 Dortmund Telefonnr.: 0231/9450-216 Telefaxnr.: 0231/94 50-388 Software-Service Dortmund Freie-Vogel-Straße 217 D-44289 Dortmund Telefonnr.: 0231/498765 Telefaxnr.: 0231/476543 Busche Beratungsgesellschaft Schleefstraße 1 D-44287 Dortmund Telefonnr.: 0231-94 50-450 Telefaxnr.: 0231-94 50-460 Distributionsges.mbH Beispielstraße 4 D-44925 Dortmund Telefonnr.: 0231/9433-33 Telefaxnr.: 0231/3456733
3	Branche	Industrie jeglicher Art
4	Anzahl der Mitarbeiter	210
5	Abfallbeauftragter und andere wichtige Ansprechpartner in Sachen Abfall	Frau Beispiel Leitung Umwelt und Abfall Telefonnr.: 1234/5678912 Herr Muster Ltg. Reststoffverwertung/Innerbetrieblicher Transprt,Entsorgung Telefonnr.: 1234/5678914

BETRIEBLICHES ABFALLWIRTSCHAFTSKONZEPT

Betriebliche Daten   Seite 2

lfd. Nr.	Fragestellung	Angaben
		Herr Belegexemplar technischer Leiter Telefonnr.: 1234/4444444
6	Produktionszweige/ Betriebsabteilungen/ Produktionsstufen, die für den Abfall wichtig sind	Metallverarbeitung Kunststoffverarbeitung Holzverarbeitung Papierverarbeitung Werkstattbereich
7	Verfügt der Betrieb über eigene, gepachtete u./o. mitgenutzte betriebl. Anlagen zur Abfallentsorgung (z.B. Eigendeponie)? Wenn ja, Art der Anlage/ Kapazität/Nutzungsdauer	Schwelbrand-Verbrennungs-Anlage 220 t pro Monat, bis 1999
8	Wird von der Möglichkeit der Entsorgung von Abfällen in nicht eigens dazu bestimmten Anlagen gemäß Paragr. 4 Abs.1 AbfG und Paragr. 4 Abs.1 BImSchG Gebrauch gemacht? Wenn ja, für welche Abfälle?	nein
9	Verfügt der Betrieb über genehmigungsbedürftige Anlagen nach der 4.BImSchV? Wenn ja, Nr. der Anlage, Art u. Zweck, Kapazität, Nutzungsdauer, Aktenzeichen der Genehmigungsbehörde, Datum der Gen.	Nr.: 4646423M-Z-89 Bearbeitungsmaschine mit angeschlossener Absaugung für Reststoffe Bearbeitung von Werkstoffen max. 15 t/h bei gleichbleibender Zuführung von Material 8 - 10 Jahre Staatliches GAA Musterhausen 3455/Z-O-L-456, 11.11.1990

BETRIEBLICHES ABFALLWIRTSCHAFTSKONZEPT

Betriebliche Daten   Seite 3

lfd. Nr.	Fragestellung	Angaben
10	Verfügt der Betrieb über Anlagen zur Vorbehandlung und Verwertung von von Abfällen? Wenn ja, Art und Zweck der Anlage, Kapazität, davon extern genutzt	Sieberei Aussortieren grober Teile 100 kg/h 0 Entwickler Rückgewinnung Wiedereinsatz von gebrauchtem Entwickler 50 l/h 0 Holz-Schredder Herstellung von Holzschnitzeln als Roh- stoff für Gartendünger 400 kg/H 0
11	Erzeugernummer des Betriebes im Abfallbegleitscheinwesen	E 1234567
12	Produktionstechniken/ Gewerbe Welche Arbeiten werden im Betrieb durchgeführt?	Werkzeugbau Zieherei Tischlerei Rollenoffsetdruck Bogenoffsetdruck Verarbeitung Brauen Lackierungen
13	Erzeugte Produkte (mit Rangfolge)	1. Flaschen 2. Reifen 3. Schränke 4. Werbedrucksachen 5. Zeitschriften 6. Reparaturen 7. Lebensmittel
14	Bedruckstoffe (mit Rangfolge)	1. Blech 2. Stoff 3. Papier 4. Tonerde 5. Holz 6. Glas

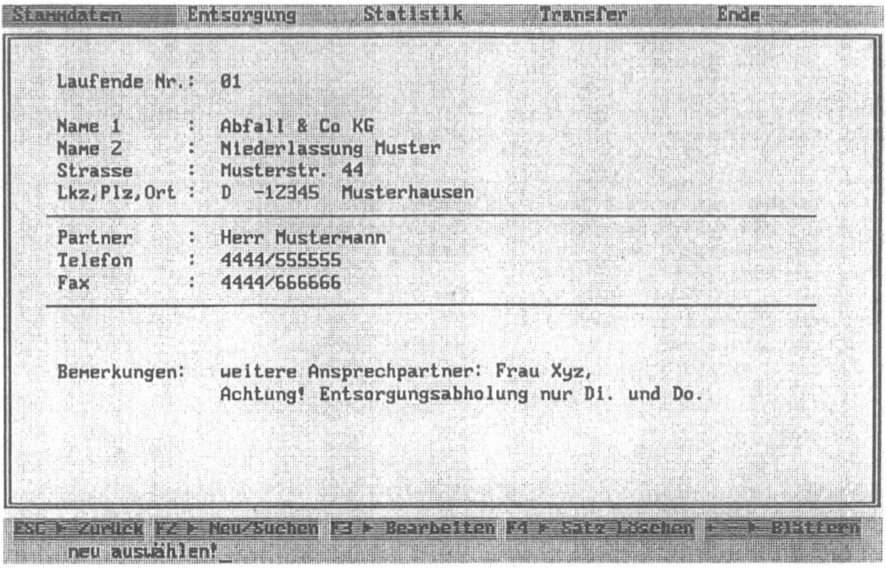

```
 Stammdaten       Entsorgung      Statistik       Transfer        Ende
┌──────────────────────────────────────────────────────────────────────┐
│                                                                        │
│     Laufende Nr.:   01                                                 │
│                                                                        │
│     Name 1      :   Abfall & Co KG                                     │
│     Name 2      :   Niederlassung Muster                               │
│     Strasse     :   Musterstr. 44                                      │
│     Lkz,Plz,Ort :   D  -12345  Musterhausen                            │
│     ─────────────────────────────────────────────────────────────     │
│     Partner     :   Herr Mustermann                                    │
│     Telefon     :   4444/555555                                        │
│     Fax         :   4444/666666                                        │
│     ─────────────────────────────────────────────────────────────     │
│                                                                        │
│     Bemerkungen:    weitere Ansprechpartner: Frau Xyz,                 │
│                     Achtung! Entsorgungsabholung nur Di. und Do.       │
│                                                                        │
└──────────────────────────────────────────────────────────────────────┘
 ESC ► zurück  F2 ► Neu/Suchen  F3 ► Bearbeiten  F4 ► Satz Löschen  ► ► Blättern
     neu auswählen!_
```

Abb. 6.

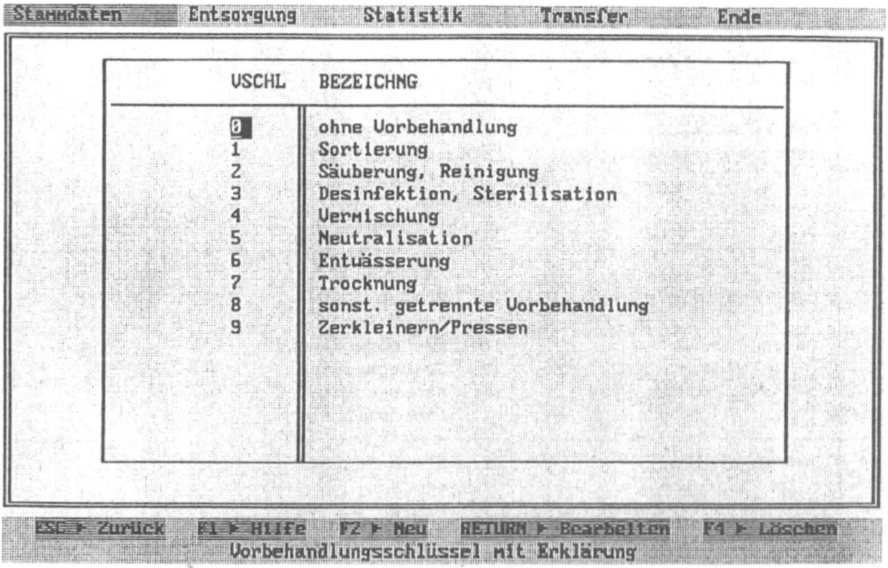

```
 Stammdaten       Entsorgung      Statistik       Transfer        Ende
┌──────────────────────────────────────────────────────────────────────┐
│          ┌──────────────────────────────────────────────┐            │
│          │      VSCHL    BEZEICHNG                        │            │
│          │      ────────────────────────────────────     │            │
│          │        0      ohne Vorbehandlung               │            │
│          │        1      Sortierung                       │            │
│          │        2      Säuberung, Reinigung             │            │
│          │        3      Desinfektion, Sterilisation      │            │
│          │        4      Vermischung                      │            │
│          │        5      Neutralisation                   │            │
│          │        6      Entwässerung                     │            │
│          │        7      Trocknung                        │            │
│          │        8      sonst. getrennte Vorbehandlung   │            │
│          │        9      Zerkleinern/Pressen              │            │
│          │                                                │            │
│          └──────────────────────────────────────────────┘            │
└──────────────────────────────────────────────────────────────────────┘
 ESC ► Zurück    F1 ► Hilfe    F2 ► Neu    RETURN ► Bearbeiten    F4 ► Löschen
               Vorbehandlungsschlüssel mit Erklärung
```

Abb. 7.

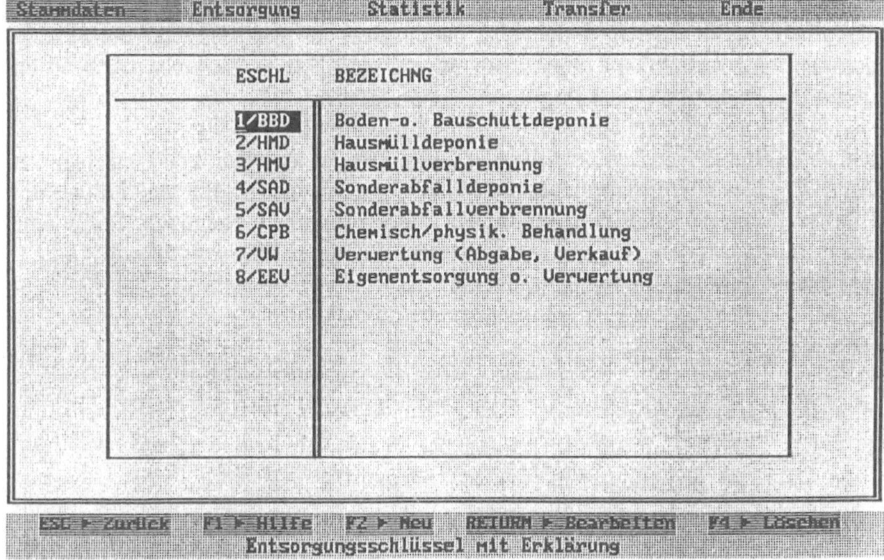

Abb. 8.

Auch hier ist die Grundlage die Gesetzgebung in NRW, aber auch in den anderen
Bundesländern kann mit diesen Voraussetzungen gearbeitet werden, da die Ausga-
bemöglichkeiten des Software-Programms auch ohne gesetzliche Grundlage zunehmend von innerbetrieblichem Interesse sind.

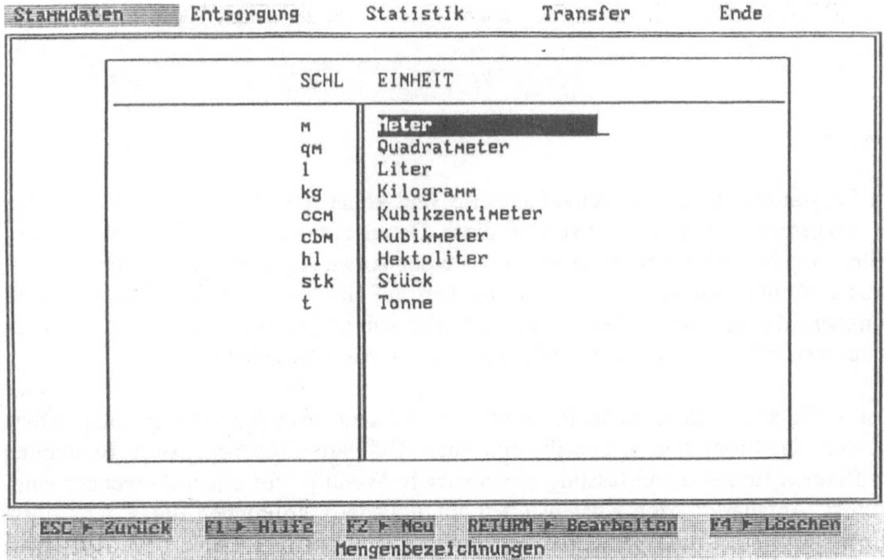

Abb. 9.

Die Entsorgungsschlüssel und die Vorbehandlungsschlüssel können ebenfalls als Listen ausgedruckt werden, gedacht ist dabei, diese als Erklärung für die Schlüsselnummern der Abfallbilanz beizufügen. Weiter sind bereits Einheiten (Abb. 9) im Programm vorgegeben, also Kilogramm, Tonne Liter usw.

Der nächste Bereich sind die *Abfallarten* (Abb. 10) die im jeweiligen Unternehmen anfallen. Bei Branchenprogrammen sind bereits spezifische Abfallartenkataloge mit den dazugehörigen Abfallschlüsselnummern im Programm vorgegeben. Sollte eine Abfallart hinzukommen, so kann der Anwender die neuen Daten problemlos hinzufügen; ebenso kann er solche tilgen, die bei ihm nicht vorkommen.

```
 Stammdaten      Entsorgung       Statistik       Transfer         Ende

     ASN     ABFALLART                                    KATEGORIE

    18701   Schnitt- u. Stanzabfälle                         MA
    18703   Fotopapier
    18704   Wachsgetränktes Papier
    18705   Bitumengetränktes Papier
    18706   Papierklischees, Makulatur                       MA
    18714   Verpackungsmaterial, verunreinigt                ÜA
    18718   Altpapier                                        MA
    35304   Aluminiumabfälle
    52403   Ammoniaklösung                                   ÜA
    57301   Kunststoffschlämme, lösemittelfrei
    57306   Kunststoffschlämme, lösemittelhaltig             ÜA
    35323   Nickel-Cadmium-Akkumulatoren                     ÜA
    35324   Batterien, quecksilberhaltig                     ÜA
    35325   Trockenbatterien (Trockenzellen)                 ÜA
    59702   Destillationsrückst.,mit halog.org.Lösem         ÜA

                                                                      ►

 ESC ► Zurück    F1 ► Hilfe    F2 ► Neu    RETURN ► Bearbeiten   F4 ► Löschen
                         Abfallartenkatalog
```

Abb. 10.

Im Programm für die allgmeine Industrie sind keine Abfallarten vorgegeben. Hier ist vorgesehen, daß der Anwender diese Daten auf sein Unternehmen bezogen selbst eingibt. Bei der Stoffsammlung, die der Anwender durchführt, stellt er fest, welche Abfallarten in seinem Unternehmen anfallen und welche Abfallschlüsselnummern dazugehören. Diese Daten gibt der Anwender in der Rubrik Abfallarten ein und erstellt somit seinen betreibsspezifischen Abfallartenkatalog.

Der Abfallartenkatalog kann in beliebiger alphabetischer Reihenfolge eingegeben werden, das Programm ordnet die einzelnen Abfallarten für das spätere Bearbeiten im Bereich Einzeldatenerfassung alphabetisch. Wenn es für einen Anwender sinnvoll ist, Abfallarten nach Kostenstellen aufzugliedern, so können unter der Rubrik Kostenstellen die einzelnen Positioneneingegeben werden (Abb. 11). Auf diese Daten greift das Programm ebenfalls bei der späteren Bearbeitung zurück.

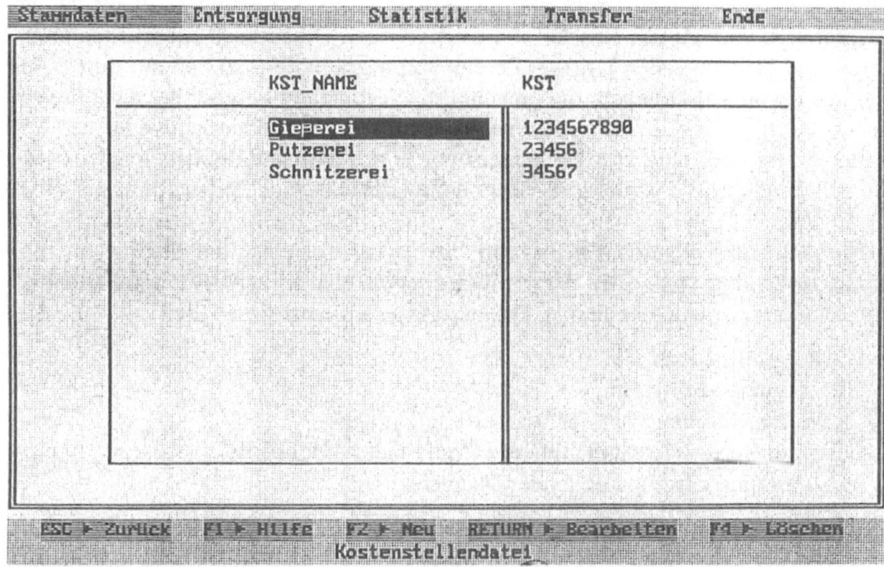

Abb. 11.

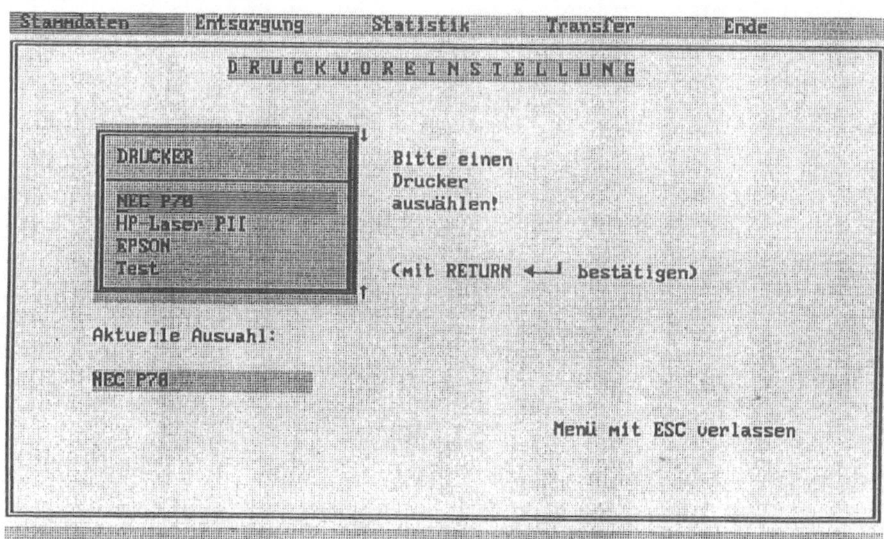

Abb. 12.

Natürlich muß auch eine Druckervoreinstellung (Abb. 12) erfolgen, damit der im Unternehmen vorhandene Drucker die eingegebenen Daten auch ausdrucken kann. Hierzu sind die gängigsten Drucker bereits vorprogrammiert, so daß nur durch Anwahl des jeweiligen Druckers die gewünschte Verbindung hergestellt ist. Sollte ein Drucker vorhanden sein, der nicht vorprogrammiert ist, so kann entweder der Anwender direkt über eine Druckersequenztabelle die Druckervoreinstellung vornehmen oder über das BUSCHE-Info-Telefon die entsprechende Hilfestellung erhalten.

Es folgt nun der Bereich Entsorgung, und zwar zunächst die Rubrik Interner Abfallartenkatalog (Abb. 13). Hier müssen noch einmal intensiv "Schularbeiten" gemacht werden, denn hier sind je Abfallart Angaben einzugeben über

– Entsorgungssicherheit,
– Entsorgungsnachweise,
– kurze Beschreibung Art der Verwertung/Verbleib,
– Gründe, warum Vermeidung/Verwertung nicht möglich ist,
– Abschätzung künftig anfallender Mengen.

Der Anwender muß sich Gedanken machen, wo seine Abfälle bleiben, ob diese verwertet werden oder nicht, wenn nicht, warum nicht – also alles Daten oder Informationen, die ein umweltbewußtes Handeln und Denken fordern.

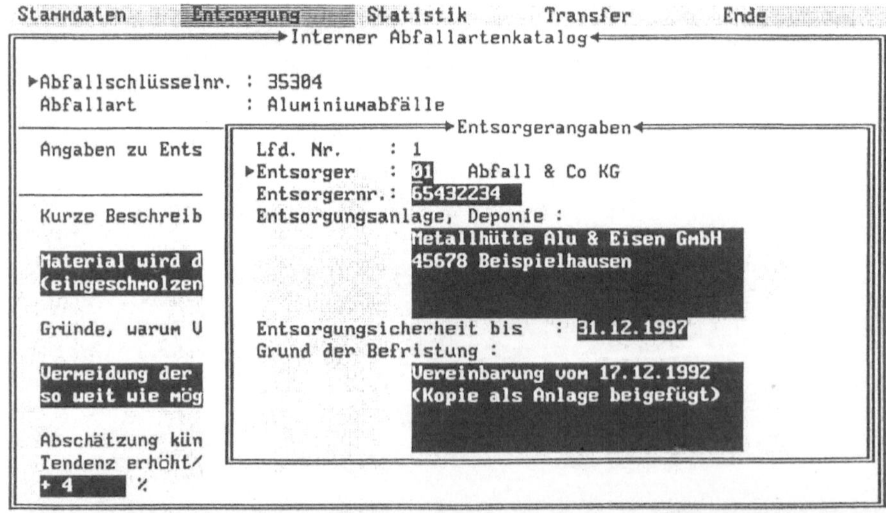

Abb. 13.

Um die Qualität der Daten abzusichern, ist es sinnvoll, sich mit seinen Entsorgern zusammenzusetzen und die einzelnen Positionen durchzusprechen. Nach den Erfahrung des Verfassers sind die Entsorger dazu gerne bereit; sollte es aus dieser Richtung Probleme geben, ist es empfehlenswert, über die Partnerschaft mit diesem Entsorger nachzudenken.

Diese eingegebenen Daten werden später in den Tabellen für das Abfallwirtschaftskonzept und in den Tabellen für die Abfallbilanz verwertet. Auch hier wieder die Anmerkung, daß diese Daten und die anschließenden Tabellenausdrucke für Anwender außerhalb von NRW zur Transparenz des Abfallmanagements beitragen und Rückschlüsse auf Verwertungs- und Vermeidungsmaßnahmen ermöglichen.

Damit sind nun aber die "Schularbeiten" beendet, die Stammdaten sind eingegeben, und der Anwender kann mit der Einzeldatenerfassung beginnen.

Es wird vorgeschlagen, die Eingabe dann vorzunehmen, wenn die Rechnung bzw. Erlösgutschrift des Entsorgers für den einzelnen Entsrogungsvorgang vorliegt. Zu diesem Zeitpunkt sind nämlich alle erforderlichen Daten für die Einzeleingabe vorhanden, so daß ein mehrmaliges Bearbeiten entfällt.

Zum Eingeben ruft der Anwender die Position Einzeldatenerfassung auf; auf dem Bildschirm erscheint eine vorgegebene Maske (Abb. 14), durch die bestimmte Positionen abgefragt werden.

Begonnen wird mit der Eingabe der Positionsnummer. Als erste Zahl kann ein Betrieb oder ein Betriebsteil eingegeben werden, wenn bei den Stammdaten, Bereich Betriebliche Daten, eine entsprechende Unterteilung angelegt wurde und für einzelne Betriebe oder Betriebsteile entsprechende fortlaufende Unterscheidungsnummern vergeben wurden.

Wenn ein Anwender separate Auswertungen für diese Betriebe oder Betriebsteile haben möchte, muß in der Positionsnummer die laufende Nummer des gewünschten Betriebes bzw. Betriebsteils eingegeben werden. Sollte dies nicht der Fall sein, wird "00" eingegeben.

Nachfolgend wird ein Datum eingegeben, und zwar am besten das Datum, an dem der Abfall entsorgt worden ist. Die Ausdrucke der einzelnen Abfallarten erfolgen in einer Sortierung nach dieser Positionsnummer und dem darin enthaltenen Entsorgungsdatum, so daß der Anwender die Entsorgungszyklen, insbesondere evtl. auftretende Unregelmäßigkeiten, sehr gut erkennen kann.

Als letztes wird eine laufende Nummer eingegeben, da es sicherlich vorkommt, daß unterschiedliche Abfallarten am gleichen Tag abgeholt worden sind; diese fortlaufende Nummer unterscheidet die jeweiligen Positionsnummern.

```
 Stammdaten       Entsorgung      Statistik      Transfer          Ende
┌─────────────────────────────►Entsorgungspositionen◄─────────────────────┐
│  Positionsnr    : 0-930205-01                                            │
│ ►Kostenstelle   :                                                        │
│  Belegnummer    :                                                        │
├─────────────────────────────────────────────────────────────────────────┤
│ ►Abfallart - ASN:                                                        │
├─────────────────────────────────────────────────────────────────────────┤
│  Vorbehandlung - ►Schlüssel:                                             │
│                   Menge     :            0    ►Einheit:                   │
│                                                                          │
│  Entsorgung    - ►Schlüssel:                                             │
│                   Menge     :            0    ►Einheit:                   │
├─────────────────────────────────────────────────────────────────────────┤
│ ►Entsorger      :                                                        │
├─────────────────────────────────────────────────────────────────────────┤
│  Einzelkosten 1 :            0 DM                                        │
│  Einzelkosten 2 :            0 DM                                        │
│  Einzelkosten 3 :            0 DM                                        │
│  Einzelkosten 4 :            0 DM                                        │
├─────────────────────────────────────────────────────────────────────────┤
│  Summe          :            0 DM     Erlöse:          0 DM              │
└─────────────────────────────────────────────────────────────────────────┘
 ESC ► Zurück  F2 ► Neu/Suchen  F3 ► Bearbeiten  F4 ► Satz Löschen  + - ► Blättern
 Neue Positionsnummer eingeben! [Produktionsbereich-Datum(JJMMTT)-Zählnr.]
```

```
 Stammdaten       Entsorgung      Statistik      Transfer         Ende
┌─────────────────────────────►Entsorgungspositionen◄─────────────────────┐
│  Positionsnr    : 0-930205-01                                            │
│ ►Kostenstelle   : 1234567890      Gießerei                              │
│  Belegnummer    :                                                        │
├─────────────────────────────────────────────────────────────────────────┤
│ ►Abfallart - ASN:               fehlt im internen Abfallartenkat.! ◄─┘  │
├─────────────────────────────────────────────────────────────────────────┤
│  Vorbehandlung - ►Schlüssel:  0        ohne Vorbehandlung                │
│                   Menge     :    3456.90  ►Einheit:  kg                  │
│                                                                          │
│  Entsorgung    - ►Schlüssel:  5/SAV   Sonderabfallverbrennung           │
│                   Menge     :    3456.90  ►Einheit:  kg                  │
├─────────────────────────────────────────────────────────────────────────┤
│ ►Entsorger      :  02           Entsorgungsbeispiel                     │
├─────────────────────────────────────────────────────────────────────────┤
│  Einzelkosten 1 :    3456.50 DM                                         │
│  Einzelkosten 2 :       0.00 DM                                         │
│  Einzelkosten 3 :       0.00 DM                                         │
│  Einzelkosten 4 :       0.00 DM                                         │
├─────────────────────────────────────────────────────────────────────────┤
│  Summe          :    3456,50 DM     Erlöse:       0.00 DM               │
└─────────────────────────────────────────────────────────────────────────┘
 ESC ► Zurück  F2 ► Neu/Suchen  F3 ► Bearbeiten  F4 ► Satz Löschen  + - ► Blättern
 Fenster: ↑↓ ► Bewegen, RETURN ► Auswahl, ESC ► ohne Auswahl verlassen!
```

Abb. 14.

Anschließend fragt das Programm bedienergeführt die einzelnen Positionen ab (Kostenstelle, Abfallart, Vorbehandlungs- und Entsorgungsschlüssel, Menge, Einheit, Entsorger, Kosten bzw. Erlöse).

Dabei ist die Eingabe der Menge und der Einheit zweifach vorgesehen, einmal unter der Rubrik Vorbehandlung und einmal unter der Rubrik Entsorgung. Wenn in einem Unternehmen die Möglichkeit einer Vorbehandlung besteht, die einen Stoff umwandelt, z. B. eine Flüssigkeit (also Liter) durch Verdunsten in einen festen Stoff (also Kilogramm), dann ist die Eingabe unterschiedlicher Mengen bzw. Einheiten notwendig. Sollte dies nicht der Fall sein, so ist zweimal die gleiche Menge und die gleiche Einheit einzugeben.

Bei bestimmten Positionen, z. B. "Abfallart-ASN" (Abb. 15), erscheinen kleine Dreiecke neben diesem Begriff. Wenn dem Anwender bei der Eingabe dieser Positionen die einzugebenden Daten nicht geläufig sind, wird hier ein "Hilfsfenster" aufgezogen, in dem die im Bereich der Stammdaten eingegeben Fakten erscheinen. Der Anwender fährt in dieser Liste die gewünschte Position an, und durch Bestätigen der Position sind die Daten eingegeben bzw. übernommen.

Nachdem für den einzelnen Entsorgungsvorgang je Abfallart alle Fakten eingegeben sind, werden diese Daten abgespeichert, und die Einzeleingabe ist für dieses Mal beendet. Und da nicht jeden Tag 20-30 Rechnungen eintreffen, ist das Eingeben dieser Einzeldaten ein sehr geringer Arbeitsaufwand, der im Grunde nebenbei erfolgen kann.

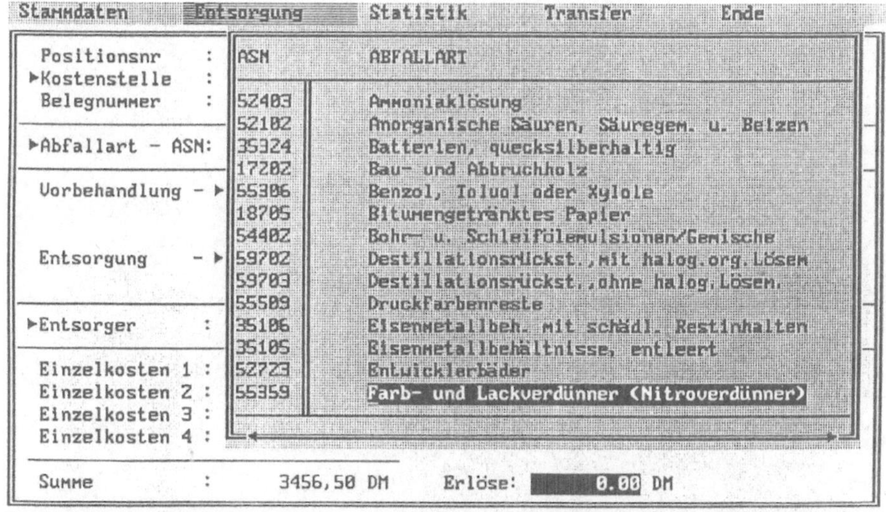

Abb. 15.

Stammdaten   Entsorgung   Statistik   Transfer   Ende
Einzeldatenerfassung
Interner Abfallartenkatalog
Druckausgaben
Einzelabfalliste
Gesamtabfalliste
Abfallerfassungsbogen
Entsorgernachweisliste
Abfallbilanz
Abfallbilanz ohne Mengen
Abfalliste nach Kostenstellen
Begründung Nichtvermeidung/-verwertung für das Konzept_

Stammdaten   Entsorgung   Statistik   Transfer   Ende

Für welche Firma/ Produktionsstelle soll eine
E I N Z E L A B F A L L I S T E   erstellt werden?

Wenn Sie nicht separieren möchten, geben Sie -> 0 für alle
Firmen/ Produktionsstellen ein   0

Für welchen Abfall?
ASN eingeben oder mit RETURN einlesen

(Papier: A4 hoch!)

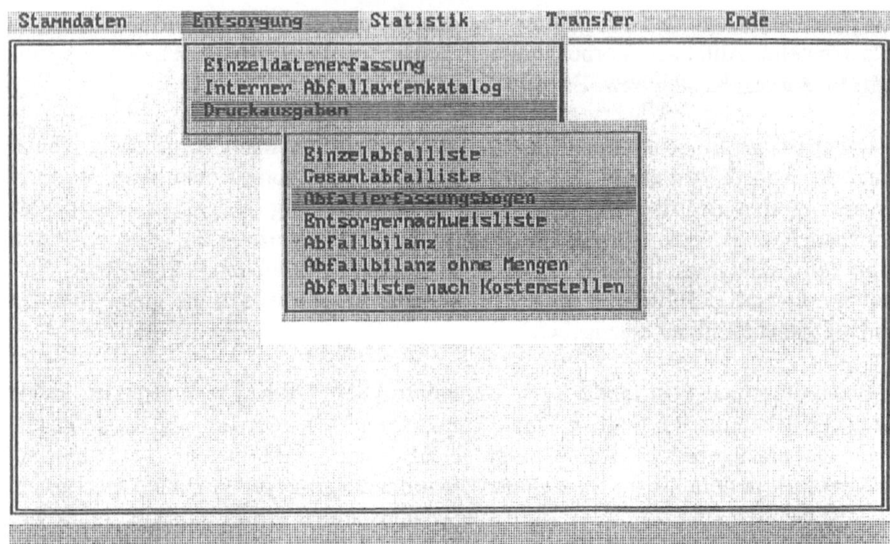

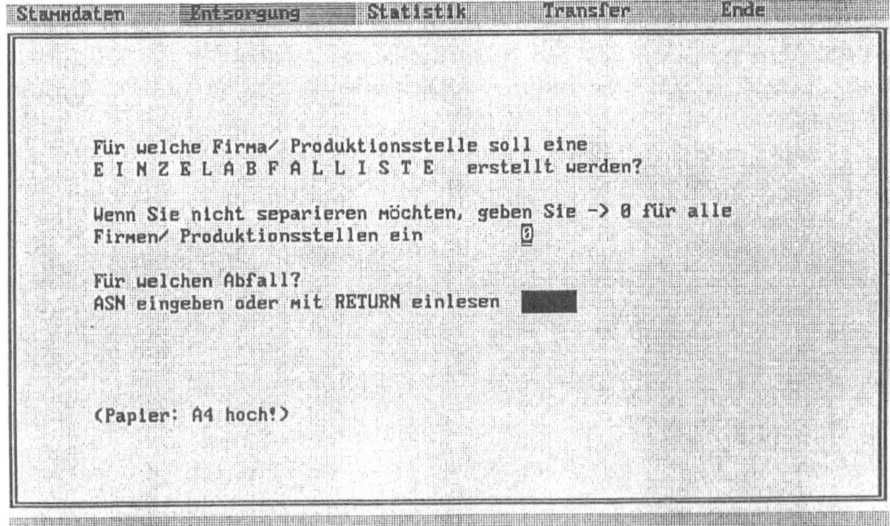

Abb. 16.

Das im Laufe der Zeit mit allen Daten gefütterte Programm gibt nun in unterschiedlicher Art diese Daten an den Anwender zurück. Über die Druckausgabe können die verschiedensten Listen (Abb. 16) ausgedruckt werden:

- die Einzelabfallisten (Abb. 17),
- die Gesamtabfallisten (Abb. 18),
- der Abfallerfassungsbogen (s. S. 166),
- die Entsorgernachweisliste (s. S. 167),
- die Abfallbilanz mit Mengen (s. S. 168)
- die Abfallbilanz ohne Mengen (s. S. 169)
- die Abfalliste, nach Kostenstellen sortiert (Abb. 19).

`57118 - Kunststoffbeh.(leer o. spachtelsauber)`   S. 1

lfd. Nr.	Positions-nummer	Entsorger	zu entsorgende Menge	Kosten DM	Erlöse DM
1	00-940113-02	Metallübernahmegesellschaft Schrott & Co	5.00 cbm	485.00	0.00
2	00-940124-02	Wiederverwertungsges.mbH	6.00 cbm	731.00	0.00
3	00-940209-01	Metallübernahmegesellschaft Schrott & Co	5.20 cbm	575.00	0.00
4	00-940218-01	Wiederverwertungsges.mbH	9.30 cbm	478.00	0.00
5	00-940223-02	Metallübernahmegesellschaft Schrott & Co	8.60 cbm	436.00	0.00
6	00-940229-01	Wiederverwertungsges.mbH	5.80 cbm	478.00	0.00
7	00-940308-01	Metallübernahmegesellschaft Schrott & Co	8.10 cbm	571.00	0.00
8	00-940329-01	Metallübernahmegesellschaft Schrott & Co	2.80 cbm	805.00	0.00
9	00-940411-01	Wiederverwertungsges.mbH	6.40 cbm	791.00	0.00
10	00-940427-01	Metallübernahmegesellschaft Schrott & Co	6.70 cbm	659.00	0.00
11	00-940509-01	Metallübernahmegesellschaft Schrott & Co	5.70 cbm	693.00	0.00
Summen:			69.60 cbm	6702.00	0.00

Abb. 17.

`Gesamtabfalliste 12.05.1994`   S. 1

lfd. Nr.	ASN	Abfallart	zu entsorgende Menge	Kosten DM	Erlöse DM
1	12501	Fettabscheiderinhalt	49.00 kg	286.00	0.00
2	17201	Holzemballagen, Holzabfälle	8.50 t	0.00	760.00
3	31408	Glasabfälle, Altglas	380.00 kg	452.00	0.00
4	35324	Batterien, quecksilberhaltig	318.90 stk	1690.00	0.00
5	55513	Altlacke, Altfarben, ausgehärtet	470.00 kg	744.00	0.00
6	57118	Kunststoffbeh.(leer o. spachtelsauber)	69.60 cbm	6702.00	0.00
Summen:				9874.00	760.00

Abb. 18.

Entsorgernachweisliste mit Angabe der fünfjährigen Entsorgungssicherheit

Seite 1

lfd. Nr.	ASN	Abfallart	Gesamtmenge	Einheit	Entsorger/ Verwerter (Name, Adresse)	Entsorgernummer	Entsorgungsanlage/Deponie	Ents.- Sicherh. bis	Grund der Befristung - Entsorgungsnachweis - Verträge usw. (siehe Anlagen)
1	12501	Fettabscheiderinhalt	49.00	kg	Entsorgungsbeispiel GmbH & Co Beispielhausen	78787878	Fettaufbereitungs GmbH Schloßalle 12 12345 Musterhausen	ohne Begr.	Entsorgungsnachweis Nr.000045 RP Musterhausen (Anlage 1)
2	17201	Holzemballagen, Holzabfälle	4.70	t	Abfall & Co KG Niederlassung Muster Musterhausen	----------	verschiedene Spanplattenhersteller, z.B. Firma Holzwurm & Schraube, Kamen	12.12.1996	Vertrag vom 27.03.1992 (Anlage 2)
3	31408	Glasabfälle, Altglas	380.00	kg	Verwertungsanlage GmbH & Co Kg Düsseldorf	----------	Altglasschmelze Bruch und Sherben GmbH Splitterstr. 20 62362 Hutzelhausen	10.10.1998	Vereinbarung vom 23.03.1993 (Anlage 7)
4	35324	Batterien, quecksilberhaltig	310.00	stk	Entsorgungs-AG Meier Weisnicht	----------	Mineralölwerke Pappe & Co Rohstoffrecycling Rheindonauweser-Weg 44-77 73727 Nordwestsüd	22.11.1997	Entsorgungsnachweis Nr. 434343422, RP Beispiel (Anlage 6)
5	55513	Altlacke, Altfarben, aus gehärtet	470.00	kg	Recycling Hurra & Co Hallalihausen	334444	Entsorgungs- und Recyclingwerk Brenne Schnell Wüstenstr.11 44556 Musterhausen	24.05.1996	Sammelentsorgungsnachweis Nr. 585858585, RP Hausen (Anlage 3)
6	57118	Kunststoffbeh.(leer o. s pachtelsauber)	577.00	cbm	Wiederverwertungsges.mbH Sauberhausen	544455	Umwelttechnik KG, Spinnenweg 555 94322 Beispielhausen	ohne Begr.	Vereinbarung vom 23.06.1992 (Anlage 4)
			500.00	cbm	Metallübernahmegesellschaft Schrott & Co Magnetenahusen	67676767	TV-Energiegewinnungs GmbH Hauserstr. 11 - 44 32323 St. Anschauung	16.04.1996	Absichtserklärung vom 23.06.1993 (Anlage 5)

Abfallerfassungsbogen mit Begründung Nichtvermeidung /-verwertung u. Tendenz künftiger Abfallmengen

Seite 1

lfd. Nr.	ASN	Abfallart	Gesamt-menge	Ein-heit	Kurze Beschreibung der Art der Verwertung/ Verbleib:	Gründe, warum Verwertung/ Ver-meidung bei einzelnen Abfall-arten nicht möglich war:	Tendenz künftig anf. Mengen	
							erh./verr. (+/- %)	ab Jahr
1	12501	Fettabscheiderinhalt	49.00	kg	Material wird dem Wirtschafts-kreislauf zugeführt (Spaltung durch Kochen)	Vermeidung erfolgt so weit wie möglich, Verwertung erfolgt für die gesamt anfallende Menge.	- 5	1995
2	17201	Holzemballagen, Holzabfälle	4.70	t	Material wird geschreddert und als Rohstoff für die Spanplattenindustrie einge-setzt	Bedingt durch die Produktions-verfahren der erzeugten Pro-dukte sind Holzabfälle vorhan-den, eine Verwertung erfolgt.	--------	
3	31408	Glasabfälle, Altglas	380.00	kg	durch Zerkleinern entsteht ein Granulat, dieses Material wird dem Wirtschaftskreislauf zuge-führt (Rohstoff für Neuglas)	Verwertung erfolgt für gesamte Menge, Vermeidung nicht möglich	--------	
4	35324	Batterien, quecksilberhaltig	310.00	stk	Trennung der Materialien in Quecksilber und Reststoffe, anschließend Zuführung in den Wirtschaftskreislauf	Verwertung erfolgt, Vermeidung wird so weit wie möglich durchgeführt	-3	1996
5	55513	Altlacke, Altfarben, ausgehärtet	470.00	kg	keine Verwertung möglich, Entsorgung erfolgt in Spezial-behälter, 1000 l	durch Einsetzen eines Trock-nungsproßesses ist eine Ver-wertung nicht umsetzbar, die Vermeidung erfolgt weitgehend	--------	
6	57118	Kunststoffbeh.(leer o. spachtelsauber)	1077.00	cbm	Material wird dem Wirtschafts-kreislauf zugeführt (Rohstoff für Neuherstellung von Ver-packungsfolien	Verwertung erfolgt, Vermeidung erfolgt so weit wie möglich	+2	1995

*

A B F A L L B I L A N Z 1994

Seite 1

lfd. Nr.	ASN	Abfallart	Gesamt-menge	Ein-heit	Vorbehandlung:		Entsorgung:			Kurze Beschreibung der Art der Verwertung/ Verbleib:	Gründe, warum Vermeidung/ Verwertung bei einzelnen Abfallarten nicht möglich war
					Menge	VSchl.	Menge	Einh.	ESchl.		
1	12501	Fettabscheiderinhalt	49.00	kg	49.00	5	49.00	kg	6/CPB	Material wird dem Wirtschaftskreislauf zugeführt (Spaltung durch Kochen)	Vermeidung erfolgt so weit wie möglich, Verwertung erfolgt für die gesamt anfallende Menge.
2	17201	Holzemballagen, Holzabfälle	8.50	t	8.50	1	8.50	t	7/VW	Material wird geschreddert und als Rohstoff für die Spanplattenindustrie eingesetzt	Bedingt durch die Produktionsverfahren der erzeugten Produkte sind Holzabfälle vorhanden, eine Verwertung erfolgt.
3	31408	Glasabfälle, Altglas	380.00	kg	380.00	2	380.00	kg	7/VW	durch Zerkleinern entsteht ein Granulat, dieses Material wird dem Wirtschaftskreislauf zugeführt (Rohstoff für Neuglas)	Verwertung erfolgt für gesamte Menge, Vermeidung nicht möglich
4	35324	Batterien, quecksilberhaltig	318.90	stk	8.90 310.00	8 8	8.90 310.00	stk stk	5/SAV 6/CPB	Trennung der Materialien in Quecksilber und Reststoffe, anschließend Zuführung in den Wirtschaftskreislauf	Verwertung erfolgt, Vermeidung wird so weit wie möglich durchgeführt
5	55513	Altlacke, Altfarben, ausgehärtet	470.00	kg	470.00	0	470.00	kg	5/SAV	keine Verwertung möglich, Entsorgung erfolgt in Spezialbehälter, 1000 l	durch Einsetzen eines Trocknungsproßesses ist eine Verwertung nicht umsetzbar, die Vermeidung erfolgt weitgehend
6	57118	Kunststoffbeh.(leer o. spachtelsauber)	69.60	cbm	69.60	2	69.60	cbm	7/VW	Material wird dem Wirtschaftskreislauf zugeführt (Rohstoff für Neuherstellung von Verpackungsfolien	Verwertung erfolgt, Vermeidung erfolgt so weit wie möglich

*

A B F A L L B I L A N Z 1994

Seite 1

lfd. Nr.:	ASN:	Abfallart:	Vorbehandlung:	Entsorgung:	Kurze Beschreibung der Art der Verwertung/ Verbleib:	Gründe, warum Vermeidung/ Verwertung bei einzelnen Abfallarten nicht möglich war:
1	12501	Fettabscheiderinhalt	5 Neutralisation	6/CPB Chemisch/physik. Behandlung	Material wird dem Wirtschaftskreislauf zugeführt (Spaltung durch Kochen)	Vermeidung erfolgt so weit wie möglich, Verwertung erfolgt für die gesamt anfallende Menge.
2	17201	Holzemballagen, Holzabfälle	1 Sortierung	7/VW Verwertung (Abgabe, Verkauf)	Material wird geschreddert und als Rohstoff für die Spanplattenindustrie eingesetzt	Bedingt durch die Produktionsverfahren der erzeugten Produkte sind Holzabfälle vorhanden, eine Verwertung erfolgt.
3	31408	Glasabfälle, Altglas	2 Säuberung, Reinigung	7/VW Verwertung (Abgabe, Verkauf)	durch Zerkleinern entsteht ein Granulat, dieses Material wird dem Wirtschaftskreislauf zugeführt (Rohstoff für Neuglas)	Verwertung erfolgt für gesamte Menge, Vermeidung nicht möglich
4	35324	Batterien, quecksilberhaltig	8 sonst. getrennte Vorbehandlung 8 sonst. getrennte Vorbehandlung	5/SAV Sonderabfallverbrennung 6/CPB Chemisch/physik. Behandlung	Trennung der Materialien in Quecksilber und Reststoffe, anschließend Zuführung in den Wirtschaftskreislauf	Verwertung erfolgt, Vermeidung wird so weit wie möglich durchgeführt
5	55513	Altlacke, Altfarben, ausgehärtet	0 ohne Vorbehandlung	5/SAV Sonderabfallverbrennung	keine Verwertung möglich, Entsorgung erfolgt in Spezialbehälter, 1000 l	durch Einsetzen eines Trocknungsproßesses ist eine Verwertung nicht umsetzbar, die Vermeidung erfolgt weitgehend
6	57118	Kunststoffbeh.(leer o. spachte (sauber)	2 Säuberung, Reinigung	7/VW Verwertung (Abgabe, Verkauf)	Material wird dem Wirtschaftskreislauf zugeführt (Rohstoff für Neuherstellung von Verpackungsfolien	Verwertung erfolgt, Vermeidung erfolgt so weit wie möglich

Abfalliste nach Kostenstellen 12.05.1994   S. 1

Kostenstelle: 23456 - Putzerei

lfd. Nr.	ASN	Abfallart	zu entsorgende Menge	Kosten DM	Erlöse DM
1	12501	Fettabscheiderinhalt	49.00 kg	286.00	0.00
2	31408	Glasabfälle, Altglas	380.00 kg	452.00	0.00
3	35324	Batterien, quecksilberhaltig	318.90 stk	1690.00	0.00
4	55513	Altlacke, Altfarben, ausgehärtet	470.00 kg	744.00	0.00
Summen:				3172.00	0.00

Abb. 19.

Dies ist, wie bereits mehrfach erwähnt, jederzeit möglich, so daß der Anwender immer über eine Transparenz seines Abfallgeschehens verfügt.

Am Jahresende bzw. gleich am Anfang des folgenden Jahres macht der Anwender das Programm bereit für die Eingabe der Einzeldaten des neuen Jahres. Im Pulldown-Menü Transfer (Abb. 20) gibt es dafür die beiden folgenden Möglichkeiten:

– die Sicherung des kompletten Datenbestandes des ganzen Jahres, entweder auf Festplatte oder Diskette (Abb. 21)
– oder nur die komprimierte Sicherung der kumulierten Daten der einzelnen Abfallarten (Abb. 22).

Abb. 20.

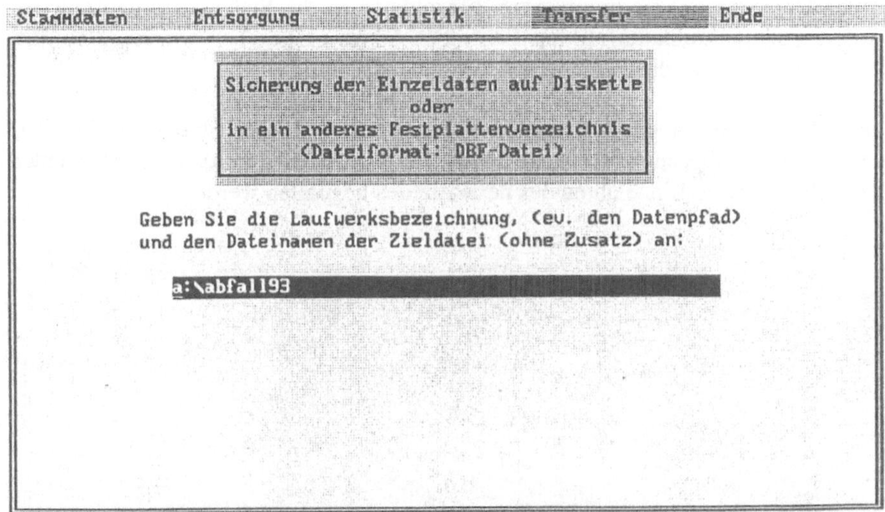
Stammdaten   Entsorgung   Statistik   Transfer   Ende

Sicherung der Einzeldaten auf Diskette
oder
in ein anderes Festplattenverzeichnis
(Dateiformat: DBF-Datei)

Geben Sie die Laufwerksbezeichnung, (ev. den Datenpfad)
und den Dateinamen der Zieldatei (ohne Zusatz) an:

a:\abfall93

Kopieren der Einzeldaten auf Diskette oder in ein Festplattenverzeichnis

Abb. 21.

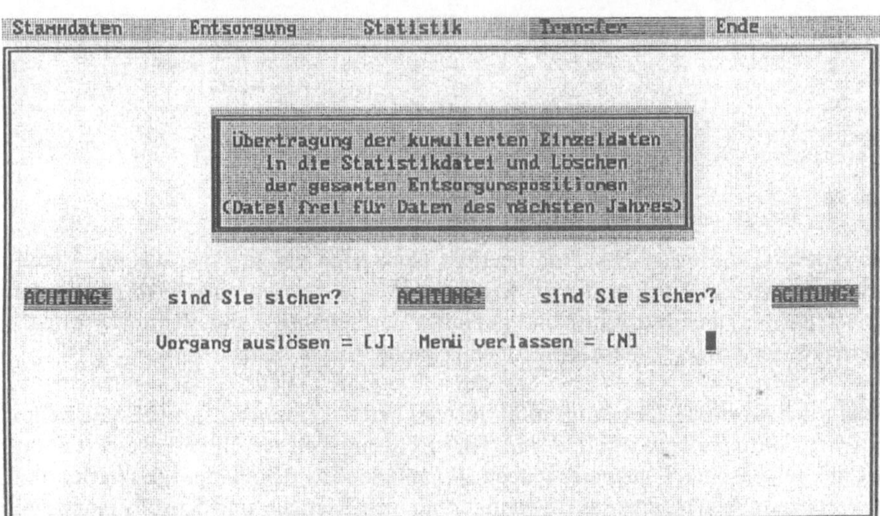
Stammdaten   Entsorgung   Statistik   Transfer   Ende

Übertragung der kumulierten Einzeldaten
in die Statistikdatei und Löschen
der gesamten Entsorgungspositionen
(Datei frei für Daten des nächsten Jahres)

ACHTUNG!   sind Sie sicher?   ACHTUNG!   sind Sie sicher?   ACHTUNG!

Vorgang auslösen = [J]   Menü verlassen = [N]

Datentransfer in die Statistikdatei u. Löschen der Einzeldaten

Abb. 22.

Mit der Übertragung der kumulierten Einzeldaten in die Statistikdatei löscht der Anwender alle Einzeldaten, die im Laufe des Jahres eingegeben worden sind; die Stammdaten bleiben selbstverständlich komplett erhalten.

Die Übernahme der kumulierten Einzeldaten erfolgt in eine Statistik (Abb. 23), die automatisch abgespeichert wird. Nach diesem Übertragen kann sofort wieder mit der Eingabe von Einzeldaten des neuen Jahres begonnen werden.

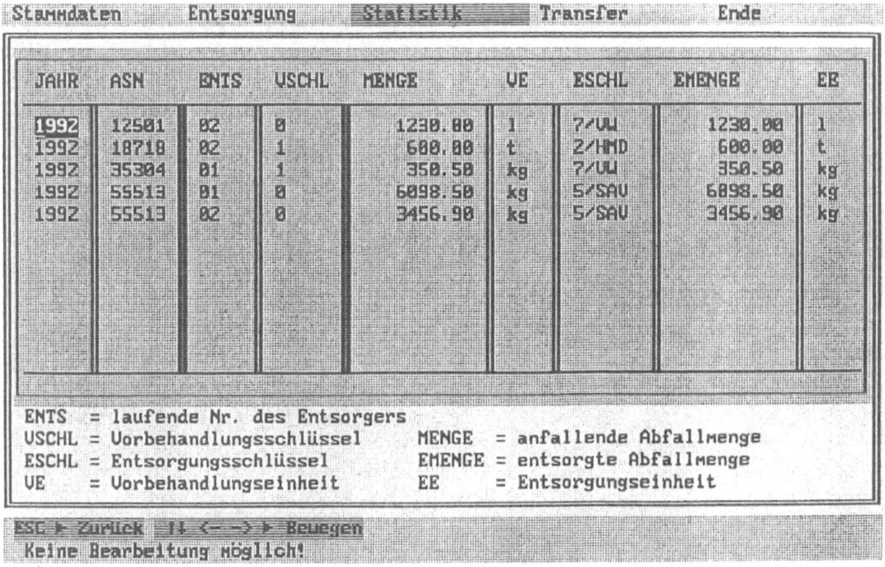

Abb. 23.

Das BUSCHE-Software-Handbuch enthält dann noch einige Tips, wie ein Abfallwirtschaftskonzept aufgebaut sein könnte und wie zu den einzelnen Abfallarten noch intensiver über getroffene und geplante Vermeidungs- und Verwertungsmaßnahmen im jeweiligen Unternehmen nachgedacht werden kann.

Natürlich wird mit dem Programm auch in der Unternehmensgruppe gearbeitet, in der die Software entwickelt wurde. BUSCHE hat sich mit Hilfe dieses Programmes die gewünschte Transparenz über alle anfallenden Abfallarten geschaffen und entsprechende Maßnahmen zur Verringerung von Mengen und Kosten eingeleitet bzw. bereits umgesetzt.

Selbstverständlich wurde das Abfallwirtschaftskonzept fristgerecht erstellt und abgegeben. Mit großer Genugtuung konnte man bei BUSCHE zur Kenntnis nehmen, daß das Dortmunder Umweltamt sich sehr positiv über Aufbau und Inhalt dieses Konzeptes, das als Vorbild bezeichnet wurde, geäußert hat.

DV-gestützte Tonneninventur als Grundlage für Tonnenverwaltung und Tourenplanung in der Landeshauptstadt München

Peter Schweig

Historie und Zielsetzung

Die Landeshauptstadt München hat schon vor mehreren Jahren beschlossen, eine Mülltrennung durchzuführen. In diesem Rahmen wird ab 1994 das 3-Tonnen-System mit Sammlung von Rest- und Biomüll sowie Papier eingeführt. Dabei sind allein im Jahr 1994 knapp 50 000 neue Behälter aufzustellen und zu leeren.

In München sind pro Woche ca. 200 000 Leerungen auf 100 000 Grundstücken durchzuführen. Bisher erfolgte die Verwaltung der Tonnen und deren Veranlagung durch das Amt für Abfallwirtschaft (AfAw) noch mit Karteikarten. Lediglich die Bescheiderstellung und der Gebühreneinzug wurde zusammen mit den Grundstücksabgaben über ein DV-System abgewickelt.

Die rasante Entwicklung auf dem Gebiet neuer Müllkonzepte, das gesteigerte Umweltbewußtsein bei den Bürgern sowie die immer stärker steigenden Entsorgungskosten bringen aber einen großen Mehraufwand in der Verwaltung mit sich, der ohne DV-Unterstützung nicht mehr bewerkstelligt werden kann.

Um diese Probleme zu bewältigen, wurde 1991 eine Organisationsuntersuchung im AfAw durchgeführt, die folgende Punkte zum Ziel hatte:

- Untersuchung der organisatorischen Abläufe in den Bereichen
  Tonnenverwaltung, Tourenplanung, Gebührenabwicklung,
- Erstellung eines DV-Konzeptes für Tonnenverwaltung und Tourenplanung,
- Ermittlung von Arbeitsrichtwerten und Erstellung eines Stellen-
  wirtschaftsmodells.

Die Tonnenverwaltung wurde durch das AfAw selbst erstellt und ist bereits seit Ende 1993 im Einsatz. Die Tourenplanung wurde ausgeschrieben und soll Mitte 1994 zur Verfügung stehen.

Essentielle Grundlage für den Einsatz dieser DV-Systeme sind aktuelle Bestandsdaten. Nach 40 Jahren Arbeit mittels manueller Methoden mit Hilfe von

Karteikarten, Listen und Formularen weichen die Bestandsdaten von der Wirklichkeit trotz wiederholter Zählungen ab.

Aus diesem Grund wurde eine Inventur aller Tonnen in München in Auftrag gegeben. Neben der Aussicht auf ein erhöhtes Gebührenaufkommen ist das Ergebnis natürlich Voraussetzung für die Inbetriebnahme der Tonnenverwaltung.

Abbildung 1 gibt einen Überblick über die Vorgehensweise:

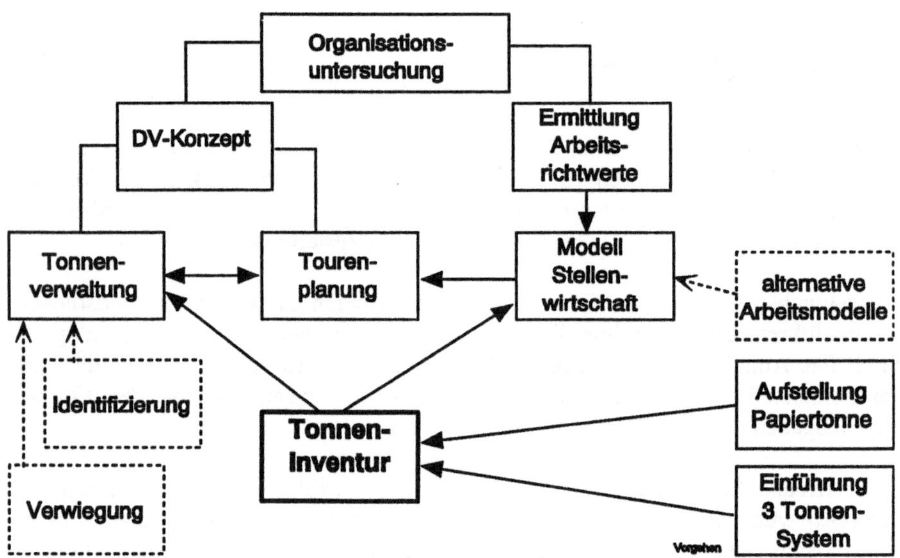

Abb. 1. Vorgehensweise bei der Einführung von DV im Amt für Abfallwirtschaft der Landeshauptstadt München

Organisatorisches Lösungskonzept

Aus den genannten Anforderungen an eine Tonneninventur ergab sich folgende Aufgabenstellung:

- Erhebung der Anzahl der aufgestellten Behälter je Tonnentyp, ihrer Leerungsfrequenz sowie ihrer Standorte und weiterer Standortparameter,
- Abgleich der erhobenen Daten mit den bereits vorhandenen Daten auf Datenträger (Gebührenbescheidverfahren) sowie auf Papier (Gebührenkartei, Daten des Außendienstbüros),
- Pflege der erhobenen und überprüften Daten mit der Möglichkeit von Bestandsänderungen und Korrektur von Bestandsdifferenzen,

– Datenübergabe zu dem bestehenden Verfahren für die Gebühren-
bescheiderstellung mit Kontierungsblättern und nach Fertigstellung des
Systems Tonnenverwaltung über Dateien.

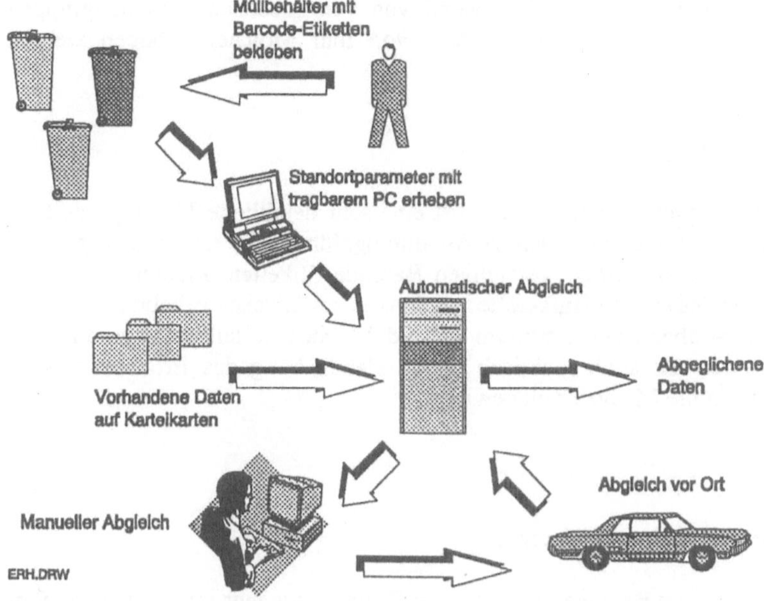

Abb. 2. Aufgabenstellung

Technisches Lösungskonzept

Für die Durchführung der Erhebung und des Abgleichs wurde von CAP debis zunächst ein modernes Instrumentarium entwickelt, um die anstehenden Aufgaben
effizient und weitestgehend automatisiert durchführen zu können.

Grundgedanke war dabei, eine identifizierende Vollerhebung des Tonnenbestan-
des unter Verwendung der Barcode-Technik durchzuführen. Die Barcode-Technik
erlaubte das schnelle, automatische und sichere Einlesen der zu erfassenden Daten.

Zur Identifizierung wurde an jeder einzelnen Tonne ein Barcode-Etikett angebracht
und die jeweilige Nummer zusammen mit relevanten Merkmalen bei der Erhebung
mit Hilfe von tragbaren Pen-Computern erfaßt.

Durch die Tonnenidentifizierung mit Hilfe einer eindeutigen Nummer wurden die
Daten der Erhebung und späterer Überprüfungen nachvollziehbar. Darüber hinaus
wurde durch den Einsatz von numerierten Etiketten ein möglicher Einsatz von

Chips zur Verwiegung und/oder Identifizierung der Tonnen beim Leerungsvorgang
vorbereitet.

Die Erhebung erfolgte in mehreren Einzelschritten. Die einzelnen Schritte wurden
zeitlich versetzt und teilweise überlappend von verschiedenen Personengruppen
durchgeführt, damit alle Tonnen innerhalb von fünf Monaten erhoben werden
konnten.

Vorbereitung der Erhebung

In der Vorbereitungsphase wurde zunächst eine sehr detaillierte Planung des Projektes in enger Abstimmung mit dem AfAw durchgeführt. Alle erforderlichen Hilfsmittel, wie z. B. die witterungsbeständigen Barcode-Etiketten, mußten rechtzeitig
beschafft werden. Zirka 120 Hilfskräfte wurden als zusätzliches Erhebungspersonal
von CAP debis – über einen Zeitraum von 28 Wochen verteilt – eingestellt und
sowohl theoretisch als auch praktisch in die Handhabung des Erhebungsinstru-
mentariums und in die Methodik eingewiesen.

Erhebung

Die Erhebung erfolgte in zwei Stufen.

Zunächst wurden im Rahmen des normalen Sammelvorgangs durch externes Per-
sonal die Etiketten angebracht. Zeitlich versetzt wurde dann in einem nächsten
Schritt die Partie von ein bis zwei Erhebern begleitet, teilweise mit einem zusätzlichen Begleitfahrzeug.

Mit Arbeitsbeginn wurden die vorbereiteten Pen-Computer an das Erhebungspersonal ausgegeben. Während des normalen Sammelvorganges waren zu erfassen:
- die Straße des Standortes,
- die Hausnummer des Standortes,
- die Partienummer,
- die Nummer des Barcode-Etiketts,
- die Behältergröße,
- der enthaltene Müll ("Mülltyp"),
- eine ggf. vereinbarte 14tägige Leerungsfrequenz (roter Punkt),
- die Standplatzklassifizierung (Müllbox, Bereitstellung, keine),
- der Standplatzzugang (offen, Schlüsselhaus),
- zu überwindende Stufen ("Traghaus"),
- eine evtl. vorhandene Gehwegabsenkung,
- die geschätzte Entfernungsklasse (< 10 m, < 30 m, >= 30 m) zwischen
  Tonnenstandort und Ladestelle.

Tonneninventur Landeshauptstadt München durch CAP debis

Ende Auswahl

Erfassung

Standort	Straße		Zahleneingabe				

Dessauerstr.

HNr von	HNr bis		
6 __	6 __	HNr -1	HNr +1
		HNr - 2	HNr + 2

Zahleneingabe: 1 2 3 4 5 6 7 8 9 0   Löschen

Kfz-Anfahrt Grundstück
○ Straße
○ vorwärts
● rückwärts

Aufstellort
● im Freien
○ Tonnenhaus
○ Gebäude
○ unbekannt

Schlüssel haus
○ ja
● nein

Entfernung
● < 10 m
○ < 30 m
○ >= 30 m

Gehweg abgesenkt
● ja
○ nein

Stufen 0
Anzahl Tonnen am Standort 0

Tonne

Müllart
● REST
○ PAPIER
○ BIO

Gewerbe
○ nein
● möglich

Tonnen- größe
○ 110
○ 120
○ 240
○ 770
● 1100

Roter Punkt ?
○ ja
● nein

Tonne bereitgestellt ?
● nein
○ ja
○ unbekannt

Hausnummer zur Tonne: 6 __

Tonne auf Grundstück ?
● ja
○ nein

? Code übernehmen

neue Tonnen-Nummer

aktuelle Tonnen-Nummer

© CAP debis GEI

Abb. 3.

Die Eingabemasken waren so gestaltet, daß mit dem Stift (Pen) vorgegebene Möglichkeiten ausgewählt werden konnten. Die Eingaben konnten sofort auf Konsistenz geprüft werden (Abb. 3).

Zusätzlich wurden eine Maske für die Auswahl des Straßennamens sowie weitere Übersichts- und Hilfsmasken zur Verfügung gestellt, um den Erfassungsablauf optimal zu unterstützen.

Die Erfassung der auf den Barcodes aufgedruckten Tonnennummern erfolgte mittels eines an den Pen-Computer angeschlossenen Laser-Stiftes. Falls ein Barcode nicht lesbar war, konnte die Nummer auch von Hand eingegeben werden.

Nach Rückkehr der Erheber in den Betriebshof wurden die Daten der Pen-Computer auf einen Arbeitsplatzrechner übertragen und standen damit einer Weiterverarbeitung im Rahmen des Datenabgleichs zur Verfügung. Die Pen-Computer wurden für den nächsten Einsatz vorbereitet.

Vorbereitung des Bestandsabgleichs

In einer Vorbereitungsphase für den automatischen Datenabgleich mußten zunächst die erforderlichen DV-Programme zur Datenübernahme und Verwaltung sowie für den Bestandsabgleich erstellt werden. Das Inventursystem verwaltet für alle Grundstücke die veranlagten Tonnenzahlen sowie die erfaßten Tonnen mit ihren Leerungen.

Bestandsabgleich

Die für den Datenabgleich benötigten Daten lagen nicht alle in DV-verarbeitbarer Form vor und waren insgesamt auch nicht vollständig. Daher erfolgte auch der Abgleich in mehreren Schritten.

Die erhobenen Daten wurden zunächst den Grundstücken zugeordnet, wie dies bei der Erhebung vor Ort festgestellt worden war. Diese Daten wurden dann mit den veranlagten Leerungen verglichen. Mehr als die Hälfte der Daten stimmte dabei überein und war somit abgeglichen.

Daten, die nicht automatisch zugeordnet bzw. abgeglichen werden konnten, wurden für eine manuelle Kontrolle mittels Bildschirmmasken bereitgestellt. Unter Einbezug weiterer nicht maschinenlesbarer Daten, wie z. B. aus der Gebührenkartei, wurde versucht, diese Daten zuzuordnen und, falls erforderlich, eine Korrektur durch das Gebührenbüro zu veranlassen.

In ca. 40% der Fälle war die Situation jedoch so unklar, daß Mitarbeiter diese vor Ort nochmals klären mußten. Diese hohe Zahl resultiert vor allem aus der für München häufig anzutreffenden Situation, daß Tonnen in Sammelstandorten aufgestellt sind. Mitte der 70er Jahre war eine Umstellung von Einzeltonnen auf Großbehälter und Gemeinschaftsstandplätze erfolgt, durch die die Mülleinsammlung wesentlich rationalisiert werden konnte.

Alle Fälle, die gebührenrelevante Änderungen bewirkten oder die durch das Firmenpersonal nicht geklärt werden konnten, wurden an den Außendienst des AfAw zur Bearbeitung weitergegeben.

Pflege und Bereitstellung der Bestandsdaten

Parallel zur Erhebung mußten selbstverständlich die erhobenen und überprüften Daten gepflegt werden, um während des gesamten Projektverlaufes konsistente Daten gewährleisten zu können.

Die Daten können jederzeit nach Abschluß des Abgleichvorganges zur Weiterverarbeitung an andere Systeme weitergegeben werden.

Das Inventursystem bietet die Möglichkeit, mit den bei der Inventur erfaßten Ergebnissen eine Partieverwaltung und Partieeinteilung durchzuführen. Somit kann der Zeitraum bis zur Einführung der Tourenplanung überbrückt werden.

Projektverlauf "Tonneninventur"

Im Dezember 1992 wurde CAP debis aufgefordert, ein Angebot für die Erhebung sämtlicher Mülltonnen im Stadtgebiet München abzugeben.

Nach der Auftragserteilung im April 1993 begann die Realisierung der Erhebungs- und Abgleichwerkzeuge.

Die Erhebung wurde von Juni bis Oktober 1993 durchgeführt. Bis Mitte Oktober sollten 98% der veranlagten Grundstücke abgeglichen sein. Da jedoch unerwartet viele Überprüfungen vor Ort notwendig waren, konnte der Abgleich durch das Erhebungspersonal erst Mitte Dezember abgeschlossen werden. Der letzte Schritt im Abgleichsverfahren, die Überprüfung durch den Außendienst, wird voraussichtlich Mitte 1994 endgültig beendet sein.

Die Datenübergabe an das neue Tonnenverwaltungsprogramm erfolgte ab Mitte Oktober in mehreren Schritten und wurde im Dezember 1993 abgeschlossen.

An den Außendienst wurden ca. 9000 Fälle zur abschließenden Bearbeitung weitergegeben. Fast die Hälfte dieser Fälle verursachten gebührenrelevante Änderungen (sowohl An- als auch Abmeldungen).

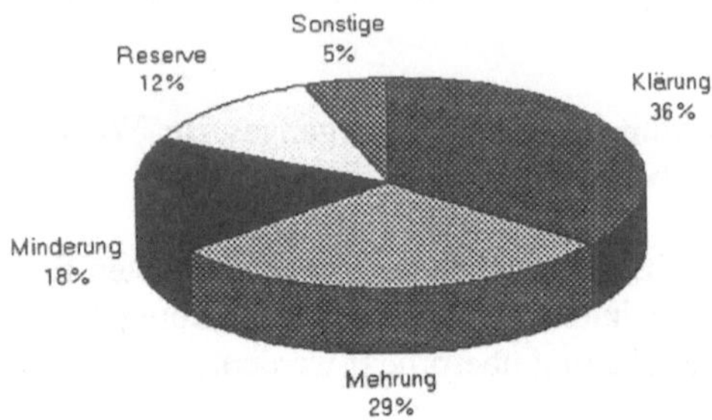

Abb. 4.

Abbildung 4 gibt einen Überblick über das bei der Überprüfung durch den Außendienst erreichte Ergebnis. Mehrung und Minderung bedeuten dabei gebührenrelevante Änderungen auf einem Grundstück. Die als "Reserve" bezeichneten Tonnen waren bereits abgemeldet und wurden mit einem entsprechenden Aufkleber gekennzeichnet.

Erfahrungen und Ausblicke

Wo lagen die Schwierigkeiten bei diesem Projekt ?
Der sehr enge Zeitrahmen von Auftragsvergabe Anfang Mai bis geplantem Projektende Mitte Oktober 1993 ließ sehr wenig Spielraum bei der Organisation der Erhebung und des Abgleichs. Als wichtigster und schwierigster Faktor stellte sich dabei die Beschaffung ausreichend qualifizierten Personals im erforderlichen Umfang dar. Insgesamt wurden ca. 120 Verträge mit Erhebungs- und Abgleichspersonal geschlossen. In manchen Wochen waren bis zu 40 Mitarbeiter parallel mit Kleben, Erheben und Abgleichen der Daten beschäftigt.

Der laufende Betrieb mit Um- und Abmeldungen von Tonnen durch die Bürger erschwerte die Arbeit insofern, als die Ergebnisse in DV-verarbeitbarer Form aufgrund der bisherigen, hauptsächlich manuell durchgeführten Verfahren erst mit einer Verzögerung von 4-10 Wochen zur Verfügung standen.

Zur Zeit wird die Abfuhr des Mülls in München noch durch drei verschiedene Partietypen (nur Großbehälter, nur Kleintonnen, gemischt) durchgeführt, was bedeutet, daß in einer Straße u. U. zwei verschiedene Partien den Müll entsorgen. Da

Informationen darüber nur unvollständig und nicht in DV-verarbeitbarer Form vorlagen, wurde die Organisation des Abgleichs erheblich erschwert.

Ausschlaggebend dafür, daß die Quote des automatischen Abgleichs nicht höher war, ist die Tatsache, daß in München sehr viele Tonnen in Sammelstandorten stehen. Ein Typ ist die sogenannte Blockbebauung, bei denen alle Tonnen der den Baublock umgebenden Straßen im Innenhof stehen.

Schwierig war der Abgleich insbesondere dort, wo ein Eigentümer mehrere Gundstücke besaß. Die Veranlagung konnte dann z. B. auf einem oder mehreren der Grundstücke erfolgen. Die Tonnen wurden jedoch teilweise – entgegen der Veranlagung – von den Eigentümern so umgestellt, daß der anfallende Müll optimal entsorgt werden konnte. Informationen über die Besitzer der Grundstücke lagen nicht vor, so daß diese Inventurdifferenzen durch das AfAw selbst geklärt werden mußten.

Zum Abgleich mußten auch Informationen über die Zuordnung der Grundstücke zu Baublöcken herangezogen werden. Dazu bestand die Möglichkeit, auf einem Microfiche-System die Stadtgrundkarte einzusehen. Der Abgleich hätte sich wesentlich effizienter gestaltet, wenn man auf diese grafischen Informationen direkt aus dem Inventursystem heraus hätte zugreifen können.

Die endgültige Bearbeitung durch den Außendienst gestaltet sich insofern schwierig, als daß die Außendienstmitarbeiter zusätzlich zu ihren Standardaufgaben eine Masse an Fällen zur Überprüfung erhalten haben.

Was ist positiv zu bewerten ?
Als wesentlicher Faktor für die Durchführbarkeit des Projektes war der Einsatz der Pen-Computer zur Datenerfassung und zum Abgleich. Die Daten konnten sofort ohne weitere manuelle Schritte weiterverarbeitet werden. Bei Ausfall eines Pen-Computers konnte als Ersatzverfahren mit Listen gearbeitet werden. Alleine der Aufwand für die manuelle Nachbereitung dieser Listen zeigte, daß die Erhebung nur in Listenform undurchführbar gewesen wäre.

Das durch CAP debis erstellte Inventursystem zeigte alle für einen Abgleich benötigten Informationen auf einem Bildschirm. Dies betraf die veranlagten Daten, die erfaßten Tonnendaten mit Standorten sowie die Zuordnung zu den Grundstücken. Die Informationen über Baublöcke waren wichtig, um zu klären, ob eine Tonne vielleicht zu einem Nachbargrundstück gehören könnte. Bei Inventurdifferenzen konnten diese Baublockinformationen detailliert herausgezogen und für weitere Überprüfungen zur Verfügung gestellt werden.

Ziel der Inventur war es auch, die Datengrundlage für die Einführung einer Tonnenverwaltung und einer Tourenplanung zu erstellen. Es hat sich gezeigt, daß eine Datenübernahme aus den bestehenden Stammdaten nicht möglich gewesen wäre.

Abschließend ist festzustellen, daß sich die Tonneninventur auch finanziell bezahlt macht, da doch einige Neuanmeldungen durchgeführt wurden. Diese resultieren nicht nur aus den Überprüfungen durch den Außendienst, sondern auch durch Anmeldungen, die aufgrund der Inventur durch die Bürger selbst durchgeführt wurden. Genaue Angaben über den Umfang können erst nach Abschluß der Überprüfung gemacht werden.

Ausblick

Mit der Tonneninventur wurde die Voraussetzung für die Verwaltung der Daten mittels DV-Systemen geschaffen. Diese ist zwingend notwendig für die für dieses Jahr geplante Einführung des 3-Tonnen-Systems. Eine Partieumplanung- bzw. -neuplanung wird in einem solch großen Umfang nur noch DV-gestützt möglich sein.

Weiterhin sind die Weichen gestellt für die Einführung einer möglichen Identifizierung der Tonnen mittels Chip. Dann wird nämlich als erste Stufe die Zuordnung einer numerierten Tonne zu einem Besitzer erforderlich.

Leistungsübersicht

Erfassung von altlastenverdächtigen Flächen

Erkundung und Untersuchung von gefahrverdächtigen Flächen, Bewertung und Gefährdungsabschätzung

Durchführung von Rammkernsondierungen, Bau von Gaspegeln und Grundwasserbehelfsmeßstellen

Ausarbeitung von Sanierungs- und Überwachungsvorschlägen

Einrichten von Meßstellen und Beobachtungssystemen

Vor-Ort-Messungen von Bodenluft/Deponiegas

Probenahme und Chemische Analysen / Raumluftmessungen

Ausschreibung und Überwachung von Brunnenbohr- und Ausbauarbeiten

Ökologische Bestandsaufnahmen, Erhebung u. Dokumentation von Umweltdaten

Erstellung projektbezogener Datenbanken , Konzeption von EDV-Lösungen

Durchführung von Umweltverträglichkeitsprüfungen

Standortsuche und -bewertung von Abfallentsorgungsanlagen

Firmenspezifische Umweltberatung / Umweltbetriebsprüfung (Umwelt-Audit)

Berufsfortbildung im Umweltschutz

Alle Arbeiten werden entsprechend den Richtlinien der Landesanstalten für Umwelt durchgeführt. Für die Ausführung stehen qualifizierte Techniker, Planer und Naturwissenschaftler sowie die EDV-Abteilung unseres Hauses zur Verfügung.

Unser Vertragslabor, Institut für Umweltanalytik und Geotechnik UEG GmbH, Wetzlar, ist eine staatlich anerkannte Untersuchungsstelle nach EKVO und §45c HWG sowie VV Abf.KlärV.

Betriebliche Abfallbilanzen (BAB)
Betriebliche Abfallwirtschaftskonzepte (BAWK)

Das Landesabfallgesetz des Landes Nordrhein-Westfalen nimmt gewissermaßen Regelungen vorweg, die ähnlich in der Novellierung befindlichen Abfallgesetz des Bundes ("Kreislaufwirtschaftsgesetz") vollzogen werden sollen.

Im Sinne beider Gesetze bieten wir an:

- die Aufnahme des abfallwirtschaftlichen **Ist - Zustandes**
- die Erstellung eines betrieblichen **Abfall- und Reststoffkatasters**
- die Nutzung oder Erstellung einer **abfallwirtschaftlichen Stoffdatenbank**
- Erstellung der **Abfall/Restoffbilanz** (Art, Menge und Verbleib aller Abfälle)
- Darstellung der **Vermeidungs/Verwertungspotentiale**
- Aufzeigen der Wege der betrieblichen **Abfallvermeidung/-verwertung**
- Zurückdrängen der Hemmnisse für die **Vermeidung/Verwertung**
- Bewertung der Produkteigenschaften in Bezug auf die spätere **Verwertbarkeit/ Entsorgung nach Wegfall der Nutzung**
- Darstellung/ Konzipierung einer **fünfjährigen Entsorgungssicherheit**
- Darstellung der abfallwirtschaftlichen **Personalressourcen** und deren **Organisation/Kompetenzen**
- **Dokumentation** abfallwirtschaftlicher Leistungen und Planungen

Öko-Auditing und Umwelt-Management

Die **Organisation des Umweltschutzes** des Unternehmen mußte bisher bereits nach § 52a BImSchG für genehmigungsbedürftige Anlagen gegenüber der Behörde dargestellt werden. Wegen der rasant zunehmenden Regelungsdichte im **Umweltrecht** verwenden weitsichtige **Unternehmer** das Instrument des **Öko-Audit** zur langfristigen Vorsorge und Zukunftssicherung.
Mit dem Inkrafttreten der EG-Verordnung Nr. 1836/93 vom 29.06.1993 über ein Gemeinschaftssystem für das **Umweltmanagement** und die **Umweltbetriebsprüfung** ist ein verbindlicher Rahmen für die Durchführung von Umweltbetriebsprüfungen (**Öko-Audits**) vorgegeben und der Umfang der Untersuchungen festgelegt:

- wir führen Ihr **Öko-Audit** gemäß EG-Verordnung durch
- wir erarbeiten mit Ihnen die **Umweltziele** Ihres Unternehmens
- wir planen und organisieren Bestandsaufnahmen Ihres Umweltschutzmanagements (**Umweltprüfung** gemäß EG-Verordnung)
- wir konzipieren geeignete Strukturen für das **Umweltmanagementsystem** Ihres Unternehmens,
- dabei werden Aufgaben und Verantwortlichkeiten klar beschrieben.
- wir helfen bei der Diskussion und Präsentation des veränderten Umweltmanagementsystems im Unternehmen und beim Vorbereiten der **Umwelterklärung**
- wir organisieren und moderieren **Mediationsverfahren** zur Beilegung von Konflikten, die durch die Neuordnung von Aufgaben, Über- und Unterstellungen entstehen
- wir formulieren das **Umweltschutzhandbuch** des Unternehmens, das das neue Umweltmanagementsystem nach innen und außen verbindlich dokumentiert
- wir beraten das Umwelt-Management bei der Auswahl geeigneter und angepaßter **EDV-Systeme** zur Präsentation erzielter **Erfolge im Umweltschutz** des Unternehmens

Leistungsübersicht Öko-Audit und Umweltmanagement-Beratung

EDV - Unterstützung der betrieblichen Abfallwirtschaft

In §13 und §19 der Abfall- und Reststoffüberwachungs-Verordnung vom 3. 4. 1990 ist das Übergeben abfallwirtschaftlicher Daten aus dem Entsorgungs- und Sammelentsorgungsnachweisen wie auch für die Begleitscheine an die Überwachungsbehörden in digitalisierter Form ausdrücklich vorgesehen. EDV Systeme unterstützen neben der Nachweiserstellung die **Betriebsbeauftragten für Abfall** in vielerlei Weise:

- Verfügen über Erzeuger- Beförderer- Entsorger**stammdaten,**
- Abfall- und Reststoff**kataloge,**
- betriebliche **Abfallkataster,**
- gesetzes- und Verordnungs**texte,**
- Stoffdaten, **GGVS**-Klassifizierung
- **kontinuierliche Überwachung** von Entsorgungswegen, Abfallmengen und Entsorgungs**kosten,** Aufwandsermittlung
- **Bericht**erstellung, Nachweisbücher, Auswertungen
- **Termin**wesen, Überwachung von Rückmeldungen

In einigen Programmen sind noch **weitere Dienste** möglich:

- Hinterlegung betriebsspezifischer **Check- Listen**
- Anbindung externer Verwerter und **Entsorgerlisten, Reststoffbörsen, Datenübergabe** zwischen verschiedenen Firmenstandorten
- Datenübergabe zu **Behörden** on line
- Datenanbindung an **Waage,** Ein- und Ausgangskontrolle
- **Textverabeitung,** Mahnbescheidserstellung
- **Tabellenkalkulation,** graphische unterstützte Berichterstattung
- **Fakturierung,** Kundenkonditionen, Rabatte, **Tourenplanung,** Container- und Fahrzeugeinsatz
- Lagerverwaltung, Faßlagerverwaltung

Wir bieten **produktunabhängige Beratung** an, um das **optimale System für Ihr Unternehmen** zu finden:

- Wir informieren in einer **Eingangsberatung** über die grundsätzlichen Möglichkeiten der EDV - Unterstützung
- wir präzisieren Ihre **firmenspezifische Anforderungen** nach ausführlichem Dialog mit den Fachabteilungen in einem **Pflichtenheft**
- wir schreiben die Leistungen aus und treffen mit Ihnen eine **Entscheidung** für ein Produkt oder eine Produktkombination
- wir stellen den **Datenaustausch** zwischen den verschieden Systemmodulen sicher
- wir koordinieren die **Installation** des Systems
- wir stellen die **Schulung** zur Einführung des Systems sicher
- wir stehen während der **Anlaufschwierigkeiten** bei Übernahme in die Betriebsroutinen zur Verfügung

Umweltpolitische Ausgangssituation für Anbieter außerhalb der BRD und Töchter ausländischer Unternehmen

- wir stellen den aktuellen **Stand der Umweltpolitik** dar
- wir zeigen geplante Vorhaben und **Trends derUmwelt- Gesetzgebung** der BRD auf
- wir erläutern das föderale System und und die gesetzgeberischen Kompetenzen der Landesregierungen **(Ländergesetzgebung)**
- wir erklären den Verwaltungsaufbau und die **Zuständigkeiten** der Genehmigungs- und Überwachungsbehörden
- wir klären über **haftungs- und strafrechtliche Risiken** auf
- wir zeigen die **genehmigungsrechtlichen Wege** nach UVPG, BImSchG, WHG, AbfG, BNatSchG, Baugesetzbuch auf.
- wir schätzen die Genehmigungsfähigkeiten und die **Dauer der Genehmigungsverfahren** für Sie ein
- wir bereiten Ihre **Antragsunterlagen** vor und verhandeln mit den Genehmigungsbehörden
- wir schreiben als leitendes Büro die für die Antragsstellung erforderlichen **Untersuchungen und Gutachten** aus
- wir vergeben die **Leistung** in Absprache mit Ihnen
- wir bereiten **Koordinationskonferenzen** mit allem Beteiligten vor und führen sie durch

Betrieblicher Umwelt-Auditor
nach EG-Verordnung 1836/93
(Öko-Audit-Verordnung)
Fortbildungskonzept des Umweltinstituts Offenbach

UMWELTINSTITUT OFFENBACH GmbH
Nordring 82 B
63067 Offenbach am Main
Telefon: (069) 81 06 79
Telefax: (069) 82 34 93

Im Juli 1993 ist die neue EG-Verordnung für das Öko-Audit (Umweltbetriebsprüfung) in Kraft getreten. Sie soll ab April 1995 in allen EG-Mitgliedstaaten angewendet werden können. Sie betont die Eigenverantwortung der Industrie für die Bewältigung der Umweltfolgen ihrer Tätigkeit und fordert aktive Konzepte zur kontinuierlichen Verbesserung des betrieblichen Umweltschutzes. Regelmäßige Umwelt-Audits sind zentraler Bestandteil des Systems. Aufgrund der Aktualität der Thematik bestehen vor allem seitens der Unternehmen große Unsicherheiten in Bezug auf Prüfverfahren, Art und Umfang der Umweltbetriebsprüfung, Ablauf und Bewertung der Ergebnisse.

Das Umweltinstitut Offenbach hat ein Fortbildungskonzept entwickelt, das betriebliche Umweltschutzbeauftragte in Teilschritten zu Umweltbetriebsprüfern im Sinne der EG-Verordnung qualifiziert. Das Konzept ist modular aufgebaut und berücksichtigt die unterschiedlichen beruflichen Qualifikationen der Teilnehmer (siehe Abbildung).

Das Umweltinstitut Offenbach bietet als Zentralmodul das einwöchiges Praxis-Seminar zum Thema **"Betrieblicher Umwelt-Auditor: Beauftragte/r für die Durchführung der Umweltbetriebsprüfung"** an. Ziel des Seminars ist eine grundlegende und praxisnahe Aufarbeitung des Themenkomplexes anhand von Vorträgen, Materialstudien und Diskussionen.

Das Gesamtkonzept umfasst neben dem Zentralmodul als weitere Pflichtmodule die Nachweise der Fach/Sachkunde in den betrieblichen Beauftragten-Funktionen des Umweltschutzes (Abfall, Gewässerschutz, Immissionsschutz) sowie das Modul "Kommunikation und betrieblicher Umweltschutz". Als freiwillige Optionsmodule werden Kurse für Beauftragte für die Altlastenbearbeitung sowie für Beauftragte für die Umweltverträglichkeitsprüfung angeboten.

Die Programme der Seminare sowie Termine und weitere Informationen erhalten Sie beim Umweltinstitut Offenbach !

Pflichtmodule	Zentralmodul	Optionsmodule
Betriebsbeauftragte/r für Immissionsschutz **Betriebsbeauftragte/r für Abfall** **Betriebsbeauftragte/r für Gewässerschutz** **Kommunikation im betrieblichen Umweltschut**	**Betrieblicher Umwelt-Auditor**	**Beauftragte/r für die Bearbeitung von Altlasten** **Beauftragte/r für die Bearbeitung der Umweltverträglichkeitsprüfung,**

(= Wiederholungstermine)*

Prüfung: Umwelt-Auditor

---

umwelt & technik

... ist unsere Zukunft

Katalysatoren
Entschwefelung **Kläranlagen** Filter
Geruchsvernichter Schallschutz
Kläranlagen *Entschwefelung*
Entstaubung *Recycling* Müllverbrennung
Katalysatoren Gülleverarbeitung
Grundwassersanierung **Kläranlagen**
Entschwefelung *Müllverbrennung* Bodensanierung *Filter*
Bodensanierung *Geruchsvernichter* **Recycling**
Schallschutz Grundwassersanierung *Filter*
Katalysatoren Gülleverarbeitung **Schallschutz**
Katalysatoren Kläranlagen *Müllverbrennung*
Bodensanierung Entstaubung *Recycling* Entstaubung
Grundwassersanierung Recycling Entschwefelung *Geruchsvernichter*
Katalysatoren Geruchsvernichter Entstaubung Katalysatoren
Schallschutz Katalysatoren *Entstaubung* Kläranlagen
Gülleverarbeitung Bodensanierung Katalysatoren Gülleverarbeitung **Filter**
Kläranlagen Grundwassersanierung *Entschwefelung* Schallschutz
Filter Geruchsvernichter *Müllverbrennung* Filter *Grundwassersanierung*
Müllverbrennung Entschwefelung *Katalysatoren* **Kläranlagen**
Grundwassersanierung **Recycling** *Geruchsvernichter* Recycling
Filter *Gülleverarbeitung* **Müllverbrennung** *Entstaubung*
Recycling Entstaubung *Grundwassersanierung* Katalysatoren
Katalysatoren Kläranlagen Schallschutz
Müllverbrennung **Entschwefelung** Bodensanierung
Schallschutz Gülleverarbeitung *Recycling*

Die ganze Bandbreite der Umweltthemen lesen Sie bei uns

umwelt & technik Zeitschrift für angewandten Umweltschutz
Fordern Sie Ansichtshefte und Media Informationen an.

verlag moderne industrie
86895 Landsberg

Coupon

Firma

Name

Straße/Postfach

Ort